U0187062

厨者手记

一心厨道行天下 · 一道归心做匠人

徐顺军◎著

中国财富出版社有限公司

图书在版编目（CIP）数据

厨者手记 / 徐顺军著. — 北京：中国财富出版社有限公司，2022.4

ISBN 978-7-5047-7520-7

Ⅰ.①厨…　Ⅱ.①徐…　Ⅲ.①饮食－文化－中国　Ⅳ.①TS971.2

中国版本图书馆 CIP 数据核字（2021）第 180476 号

策划编辑 张彩霞　**责任编辑** 张红燕　蔡　莹　**版权编辑** 李　洋

责任印制 梁　凡　**责任校对** 张营营　**责任发行** 杨恩磊

出版发行 中国财富出版社有限公司

社　　址 北京市丰台区南四环西路 188 号 5 区 20 楼　**邮政编码** 100070

电　　话 010－52227588 转 2098（发行部）　010－52227588 转 321（总编室）

010－52227566（24小时读者服务）　010－52227588 转 305（质检部）

网　　址 http://www.cfpress.com.cn　**排　　版** 北京物格意诚文化传媒有限责任公司

经　　销 新华书店　**印　　刷** 河北京平诚乾印刷有限公司

书　　号 ISBN 978-7-5047-7520-7 / TS・0116

开　　本 787mm×1092mm　1/16　**版　　次** 2022 年 4 月第 1 版

印　　张 21　**印　　次** 2022 年 4 月第 1 次印刷

字　　数 468千字　**定　　价** 128.00 元

湛精藝廚

武漢王

行天下·见证世界厨师风采

在俄罗斯红场和俄罗斯老兵合影

与俄罗斯圣彼得堡酒店的厨师合影

在加蓬接受让·平赠送《非洲民主化浪潮中的华裔外交部长》一书

与印度酒店的厨师合影

与西班牙酒店的厨师合影

与南非酒店的厨师合影

与乌克兰酒店的厨师合影

与瑞士酒店的厨师合影

做匠人·传承中华美食文化

在河南濮阳庭院人家收徒

和徒弟们聚会

和徒弟们在一起

和徒弟们聚会

推荐序一

初心与使命的时代担当

源远流长的饮食文化是中华文化的重要组成部分，中华烹饪是中华传统文化的代表性项目。从优秀的传统饮食文化中汲取营养，深入挖掘其中所蕴含的思想观念、人文精神、道德规范，以开放和包容的态度，在继承和创新的基础上，赋予其时代意义，进而把尊重自然、和谐生态、绿色健康、文明饮食等中华传统优秀饮食理念进行推广和普及，是餐饮人的时代使命和光荣责任。

世界各族人民在长期的生产和生活实践中形成了丰富多彩的烹饪体系和美食文化，这是人类文明的重要遗产，也是民族特色的重要体现。当前，各个国家和地区都非常重视本国饮食文化的挖掘、传承和弘扬，美食文化交流是人们喜闻乐见的活动形式之一，它已经成为国际人文交流的重要内容。

世界中餐业联合会多年来致力于推动中餐在全球的繁荣发展和弘扬优秀的中华饮食文化。近年来，我们欣喜地看到越来越多的餐饮业同人以高度的文化自信和使命感加入我们的队伍中来，徐顺军先生便是其中之一。徐顺军先生出生于厨师世家，在钓鱼台国宾馆工作，到过很多国家，他的技艺、起点、眼界、见识是行业内屈指可数的。通过这本书，我们不仅能够一窥各国的顶级美食，还能够切实感受到他的“匠心之道”和使命担当，更能够深刻感受美食在外交、文化中的重要作用。我相信这本书会给餐饮行业同人，特别是广大厨师带来宝贵的精神食粮，让读者在各国的美食中感悟风味人间，在质朴的叙述中坚定美食初心，在徐顺军先生的“匠心之道”中激荡起自身正能量。

习近平总书记强调，“文明因多样而交流，因交流而互鉴，因互鉴而发展”。让我们以美食为媒，架起中外文化交流和中外友谊的桥梁，为不断增强中华饮食文化的生命力和影响力，共同汇聚力量，做出贡献。

楊柳

世界中餐业联合会会长

2020 年 11 月 16 日

推荐序二

寻味世界 烹饪人生

烹饪是什么?

烹饪是人类在烹调与饮食的实践活动中创造和积累的物质财富与精神财富的总和。

中国是文明古国，四季有别，讲究美感，注重情趣，医食结合……中国饮食文化历史源远流长，博大精深。我国烹饪界也一直都有着“彭铿斟雉”“伊尹说汤”“易牙知味”的美谈。

今天，中国美食已经遍布全世界，几乎所有国家都有中餐馆，中国饮食文化乃至全人类饮食文化都在迎来一个全新的发展、变革时期。在此契机下，《厨者手记》一书的出版也定将会成为美谈。

《厨者手记》作者徐顺军是我的好朋友，他出身于名厨世家，从厨 40 多年。从小时候耳濡目染到走向世界成为名厨大师，他虚心好学、敬畏食材、精于设计，继承并发扬着我国传统饮食文化，也借助钓鱼台国宾馆这个高水准烹饪平台，放眼世界，时时总结，日日精进，坚持传承经典，紧跟潮流不断创新，秉承工匠精神烹制着每一道菜肴。这本《厨者手记》写的便是他的传奇人生经历，有一代名厨毕生的努力和感悟，有 18 载世界之行的美食印迹。他撰写此书是对中国饮食文化的匠心传承，也是为国际美食文化交流贡献一份力量。

然而，不仅如此!

饮食与人生境界的关系深厚广博，就像他在书中所写:“美食需要时间的沉淀，烹饪美食就是一场修行，看得了繁华、耐得住寂寞，守得住一份信念和执着。”40 余载的五味调和，全球半数国家的“奇正互变”，纵情于海外各国饮食文化的丰富多元中，又不忘中国传统文化的传统与个性，他以更为广阔的视野，深层次、多角度地为我们娓娓道来他的世界见闻、人生感悟。朴实无华的文字中，孕育着别样的伟大——味蕾承载着经历过的万水千山，舌尖感知着记忆中的人生百味，使人钦佩，令人动容。就像有一句话说的那般：“一心渴望伟大，追求伟大，伟大却了无踪影；甘于平淡，认真做好每一个细节，伟大却不期而至。”他的《厨者手记》不仅是一次世界美食猎奇，更是感人的匠人手记，充满了行走的人生意境。

这是一本进入新时代的烹饪新书，是研究国际美食时值得借鉴的好书。相信此书能够为广大烹饪爱好者和业内人士带来美好的享受。

中国烹饪协会国际美食委员会主席

2021 年 10 月 28 日

推荐序三

厨者的匠心与传承

饮食在中国不仅仅是生命之需，更是一种传承千年的文化，在食物与味蕾的碰撞之中，智慧的中国人早就悟到了饮食中的技艺技巧、审美情趣、生活真谛、人生哲思、治世之道，并据此形成了流传至今的饮食文化体系。

因此，作为一名中国厨者，我感到骄傲！

然而，我们又无法忽视一个现象。随着改革开放，中国日益强盛，吸引了世界的关注，中国文化再次引起世界的浓厚兴趣，中国传统食品及其背后的饮食文化开始受到全世界的正视和瞩目。同时饮食的“西进运动”也在进行，世界其他各国也积极回应着这股时代浪潮，“洋食品”“洋饭店”“洋技法”“洋礼仪”……“洋饮食文化”以前所未有的力量冲击着中国人的味蕾体验、饮食理念及心灵感悟，也深深影响着中国的饮食文化。

因此，在中华饮食文化与世界各国饮食文化激烈碰撞的历史进程中，应该有一个坚固的支点，这样中华饮食文化才能在博采众长的过程中得到完善、发展，保持不衰的生命力。

那么，这个支点是什么？

是厨者的匠心与传承！

也许一说到匠人及匠人精神，很多人的脑海里最先跳出来的是“坚定”“踏实”“实事求是”“精益求精”这样的字眼。确实从本质上讲，厨师的“工匠属性”非常明显，从原材料性状到烹饪技法，从成色造型到文化内涵，从味型掌控到营养健康……厨师需要用一生去兢兢业业地学习、研究、实践。

但是，在徐师傅身上，我觉得还应该再添两个词——格局和创新。

徐师傅生于名厨世家，其父亲和岳父在钓鱼台国宾馆服务了一辈子，钓鱼台国宾馆对内，汇集中华饮食之精华；对外，学习各国的美食、习俗，博采世界之至味。徐师傅子承父业，从小在这样的环境中耳濡目染，其在美食方面的见识、造诣已然高于一般的厨者。他更是一辈子职守钓鱼台国宾馆，从 2001 年至 2018 年，他的足迹遍布世界近 60 个国家和地区，阅尽世间美食。

在他身上，不仅仅有着传统意义上的学无止境、精益求精、一生只做好一件事的工匠精神内涵，更有站在国家、时代乃至整个人类文明进程的视野上，对中华饮食文化的深刻认知、思索和见解。诚如他所言："以中国看世界，以世界看中国。"而这恰恰是当今时代面对中西方饮食文化激烈碰撞时每一个中国厨师应有的高度和格局。

"和实生物，同则不继"，当今时代，饮食文化、烹饪手艺的继承是中国饮食文化发展的必要基础，创新则是面对时代趋势所必需的作为。为领导服务的这 18 年来，徐师傅没有任何的"门第偏见"，以一种开放、理解、包容、学习的态度面对各国饮食文化，既遵循优良传统又不拘泥于固有的技法和"程序"，因地制宜，充满创意地将各地的特色食材、技法进行中西融合，创新菜肴和口味，既展现了中国饮食文化的丰富内涵，又在无形之中彰显了中国文化兼容并包的特质，传播了中国的优秀文化。

匠心之于徐师傅，是从时代中洞察中国饮食文化乃至整个人类饮食文化的发展趋势，继往开来地立足中国饮食文化的深刻内涵，用人文情怀聚集各国特色美食美味，积极实践创新并钻研厨师配方心得，以家国天下书写充满正能量的匠人故事。

而徐师傅的这本《厨者手记》就像缓缓斟出的珍藏许久的美酒：既有对逝去年华的回顾，也有对他国饮食文化的品评鉴赏，更有深刻的中国文化自信及中国文化精神的传承和延续，不仅有助于饮食文化理论的深化，而且对于中华饮食文化乃至世界饮食文化的发展有着深远的积极意义。

时代已变，中国已变，汲取匠人精神力量，顺应时代发展潮流，《厨者手记》应该成为每一位厨者的"枕边书"。

孙正林

2021 年 11 月 12 日

【孙正林，北京祖国酒店投资管理有限公司董事长；中国饭店协会国家裁判员，全国饭店业国家级评委，国际烹饪联合会国际一级评委；国家高级技师，中国餐饮文化名师，国际优质名厨，亚洲大厨；酒店餐饮品牌商业顶层设计导师，味道系列、食说江南（连锁）、惦记一面、庭院人家品牌创始人；畅销书《系统管控》作者。】

自序 厨艺与人生

在中国，意境高远，叫“不食烟火”；节制、勤俭，叫“量腹而食”；风光秀丽，或女孩清秀，叫“秀色可餐”；微小恩惠，叫“一飧之德”；热情关切，叫“推食解衣”；生活富裕，叫“丰衣足食”……一个“食”字现天地！

而我的一生也是围绕一个“食”字展开的。我出生在厨师世家，父亲和岳父都是厨师，为国家领导人服务了一辈子，我也算是子承父业。

1960 年，我出生在江苏省淮安市，在我出生的那一年，在淮安市淮安饭店工作的父亲被借调到钓鱼台国宾馆。

钓鱼台国宾馆于 1959 年国庆前夕建成，用以接待外国元首到访和举行国家外事活动，并且从全国各地抽调了一些名厨负责饮食接待。时任总理的周恩来是江苏省淮安人，对淮扬菜十分了解，淮扬菜清鲜淡雅，咸甜适中，南北适宜，能调众口，非常适合用于接待各国贵宾，于是就从淮安和扬州各调一名淮扬菜厨师来北京钓鱼台国宾馆工作，就这样父亲来到了钓鱼台国宾馆，一来就是一辈子。我的岳父，原在上海西餐馆工作，抗美援朝时从上海被借调到朝鲜为中立国代表团事厨，1963 年回国后，外交部直接安排他到钓鱼台国宾馆工作。

我于 1980 年来到钓鱼台国宾馆学习烹饪。几十年来众多前辈的教诲和传承、领导对我的培养和信任，以及大家对我的帮助，加上自身的刻苦勤奋，依仗着钓鱼台国宾馆这个平台，我成长了起来，开始为党和国家领导人宴请各国元首和政要主持料理，同时我开始为国家领导人出国访问服务。于是从 2001 年至 2018 年，整整 18 年，我到访了几十个国家和地区，足迹遍布五大洲。

基于这样的机遇，我极大地开阔了自己的视野，不仅充分见识了各地的饮食文化，丰富了自己的厨艺，也得以有了一个“对比空间”来思考我国的饮食文化。因此我才决定写这本书，一方面它是我工作的写实，是我重要的人生轨迹的记录；另一方面从厨一辈子，它是我对自己一生厨艺感悟的总结，希望能够给大家带来一些启发和帮助。

饮食乃至饮食所折射出的文化特质都体现着中华民族独一无二的文化风范，不仅包含文化传统，还述说和传达着中华民族自强不息、仁爱天下的精神与善德善和的特质。

中国饮食文化能在千年演变之中始终保持旺盛的生命力，就在于博采众长、有容乃大，善于吸收不同国家、不同民族、不同地区的相关文化因子，作为改善自身饮食文化的养分，促进中国饮食文化乃至中国文化的自我更新。

今天世界各国之间的距离正在变小，中西文化正在激烈碰撞，祖国的繁荣昌盛正在给我们缔造一个弘扬文化的最佳时代，每一个中国人都会是中国走向世界的文化“因子”，每一个中国人也都应该具备与国家实力相当的底气和胆气，努力让中国文化唱响世界。

当然，曾有人好奇地问我：“为什么领导人一直任用你？你有什么绝技或超能力吗？”

确实，这是一种莫大的荣光，放眼全国也没有几个厨师有这样的机会。但是大家看到的只是光鲜亮丽的一面，其中的辛苦劳累，如果不是亲身体验是感受不到的。

外出工作是一件烦琐的事情，形形色色的人、事、物缠绕在一起，需要你有很强的应变能力，让领导满意，让合作的部门满意，让配合你工作的厨师满意……这一系列的“满意”真的不容易做到，与你的素质、品德、技能、待人接物息息相关。

而我又是一个十分“较真”的人，最难的是自己满意，每一次的技术发挥，每一次的为人处世，自己做得怎么样、欠缺什么、哪里做得不到位……一切的努力和付出只有自己最清楚，我对自己的要求是必须有一个好的结果。因此在工作中我也时常思考，并总结了一些心得，在这里分享给大家。

第一，厨德及政治素质过硬是一切工作的基础。

德是才之师，是成就事业的基础。厨德应随厨艺传，学艺必须德为先，若轻厨德求厨艺，厨艺再高也枉然。一个优秀的厨师也一定要具有高尚的厨德，这个厨德不仅仅是爱岗敬业，更是体现在日常行为、待人接物中的德行，让自己始终有一种正能量，有自信忠贞的觉悟，有护国为民的责任。

我们的一切工作为外交服务，鉴于我工作的特殊性，政治素质合格是最起码的要求。这几十年来，我不断提高自己的思想水平，增强自己的责任意识。在国外不比在国内，面对纷杂的世界甚至会有一些荒谬的言论，我必须永远保持清醒的头脑和判断力，永远跟党走，这也是每一个中国人必须具备的政治素养。

第二，厨艺精湛、一专多能是完成任务的基本保证。

厨师这个行业平时分工很明确，面点、冷菜、热菜、西餐……但是在国外时，一日三餐都需要独立完成，有时还会遇到大型宴会，此时便是极大考验厨艺和各项技能的时候。人数及菜单的安排、原料的准备、菜肴的制作、出品的设计、宴会的流程等，都要考虑，力求将中国菜以最精最美的方式呈现给宾客。比如，宫保鸡丁和狮子头，外加中国水饺，这些极其简单的菜怎么才能有创意地端到贵宾的面前，这就要有一定的工作经验和能力，才能做得完美。

为了更好地完成工作，除了在钓鱼台国宾馆学习，我还到北京世界之窗、香港美心集团世贸中心、丽晶酒店以及国内的其他省市等多处学习，并在日本东京四季酒店中餐厅工作两次累计 4 年多，而我随访期间也是走到哪儿学到哪儿。

一位出色的厨者必须技术全面，有实力去完成任何一个环节。当然，不是每样都精通，而是一定要不断进取、精益求精。如果你有一定的基础，愿意学习，用心去接触，去亲身感受，去请教、去实践，任何工种都是可以掌握、贯通的。干一行，学一辈子，厨艺是永无止境的。

第三，协调沟通能力让工作事半功倍。

俗话说得好，在家靠父母，出门靠朋友。特别是在国外，人生地不熟，你需要在短时间内与不同的人打交道，让他们和你思想统一、技术统一、步调统一，这就要考验你的协调和沟通能力了。

人各有所长，要放下自我，低调做人，高调做事。同时学会有效地聆听，找到大家的共同点，把配合你的人的积极性调动起来。在外面，个人的力量永远是有限的，即便你的水平再高，敬业精神再强，没有别人的协助也很难出色地完成任务，因为有很多不可预知的状况会出现。

另外，与人交往要能够理解别人，尊重他人。孟子有云："爱人者，人恒爱之；敬人者，人恒敬之。"这句话强调了尊重他人的重要性。优秀的人在与人相处时，会尊重对方。尊重领导是一种天职，尊重同事是一种本分，尊重下属是一种美德，尊重客人是一种常识，尊重对手是一种大度，尊重每一个人是一种教养。别人尊重你，并不是你有多优秀，而是别人很优秀，优秀的人更懂得尊重别人。对人恭敬，其实就是在尊重自己，升华自己。

第四，应变能力能帮你解决突发状况并克服各种困难。

当今社会每个人每天都要面对各种各样的人和事，每个人对待事情的看法、处理事情的思维也都不一样，这就需要你用阅历和智慧来应对，拥有很强的应变能力。

对于一些突发事情要坦然面对，不慌张、不急躁，要尽一切可能来解决问题，但也不要盲目地应付，要理智、稳妥地考虑解决的办法，这就需要你平时多积累经验和做好知识储备，如此，遇到突发状况你才会得心应手，心里有底不发慌。

当然技能的事情比人的事情好解决，当你遇到有的人的想法与你有出入甚至有矛盾时，要听明白他讲话的真实意图，找到起因，选择适合的方法应对，消除中间的误解。

总之，和陌生的人打交道，一定要有所准备，进退有度，应变自如。

第五，健康的心态是决定命运和前程的关键因素。

一个人有什么样的精神状态，就会产生什么样的现实行为，心态决定命运。

在现实中很多时候事情和环境是改变不了的，你只能调整自己的心态，改变自己来适应这个事实和环境，让自己有一个平和的、积极向上的心态。特别是当身处条件不好的环境，或遇到素质不高的人，使得工作不顺手时，你就不能一味地抱怨，要有好的心态，保持一颗平常心，学会宽容，对自己要有足够的自信，保持乐观向上的工作态度，你会把事情做得更好、更完美，让别人看到一个高素质的你。

要记住一个道理，你不能改变风的方向，但你完全可以及时调整你的风帆。

第六，食品安全卫生是底线。

民以食为天，食以安为先，食品的安全就是人的生命安全。食品安全包括采购安全、运输安全、保管安全、烹饪安全、过程安全、结果安全。既是现实的安全，也是未来的安全。

对一名合格的厨师来说，食品安全永远是第一位的。在外采购食材，一定要注重源头，杜绝本身不符合卫生要求的食材，对不新鲜、来历不明的食材绝不使用；对所用食材要看包装、看色泽、闻味道、尝滋味，保证品质优良，是真正的绿色食材，安全无污染；在运输中不要让食材离开视线范围，要有专人负责，做到不失控；进冰箱的食材去掉外包装，减少一切污染的可能，严格执行生熟分开；对餐具的清洗、消毒、存放、保管、使用，要有严格要求，同时做好个人的卫生工作……每一步都至关重要。

第七，自身的安全和健康是一切工作之本。

出门在外，没有什么比人身安全更重要的了。

健康是工作的首要保证，要适应所到国家的气温、环境，注意冷暖，关照好自己。对各国的美食也要根据自己的肠胃选择，生冷食品要更加注意，有的国家卫生环境差一些，沙拉类食品要尽量少食用。有的地方有传染性疾病要注意防范，保证自己的健康。这也是顺利完成工作的基本保障。

有一些国家的治安不好，在外要远离一些热闹场合，尽量不单独外出，外出时不带贵重物品，不显富，可以穿得休闲一些，让当地人以为你是本地华侨，这样会更安全些。一定随身带好护照和酒店房卡，而且要有使馆联系人的电话，万一遇到警察检查或突发事件，能够证明自己的身份，为保证自己的安全做好预案。在外一定要遵守当地法律，交通法规更重要，即使在国内你是老司机，在国外也尽量别开车，你不了解那里的交通法规，路况不熟，路标上的文字不认得，很危险，而且国外的车速都很快，都是合乎法规快速通过……

除了这些，也要很好地保证工作中的人身安全，在厨房使用各种设备和厨具，要先弄清如何操作再使用。

以上七点在很多人看来也许没有什么特别的，但是越是简单易懂的越是难以做到的，想要做好，需要一生勤勤恳恳，时时警醒。

我从事的是外交事业，服务于党和国家领导人，一直以来都知道自己在做什么，知道自我价值，不触碰任何红线。

形象永远走在能力的前面，别人不会给我们第二次机会来改变对我们的第一印象。

老老实实做人，脚踏实地做事，人都有不完美的地方，不用惯性思维去想问题，不以偏见对人对事，始终保持开放、宽容的心境。

不骄不躁，适时把自己归零，并以此作为新的起点，在新形势下适应新的要求。

“敬人、爱己、包容、进取”是我的座右铭，也是激励我一生的信念力量。

虽然今天我得到了各方面的充分信任，在人生的道路上取得了一些成绩，但“昨天的太阳晒不干今天的衣服”，时代在变，我们的国家在变，我们的人生及肩上的责任、使命也会随之改变，就像祖国日益在国际事务中承担起大国的责任，我们则要随之具有大国之民的觉悟和力量。因此，面对新形势，每一个中国人不仅要谨守那些“简单易懂”的道理和“规矩”，更需要自律、自勉、自强、自省，规划好新的道路，继续向前……

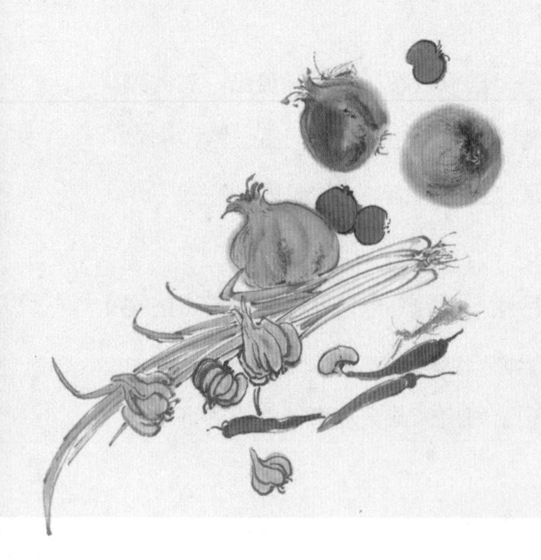

目录 Content

第一篇 时间旅者
——人类饮食“记忆”

第二篇 至味调“和”
——美于色、形、味、趣

第四章 色，“和颜悦色”美食之“眼”

第五章 形，千形万态美食之“骨”

第六章 味，厨技淬炼美食之“魂”

第七章 趣，厨海无涯美食之“乐”

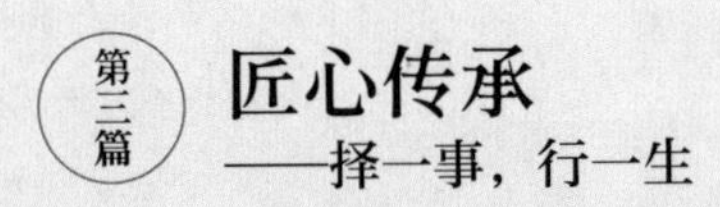

第三篇 匠心传承
——择一事，行一生

第四篇 厨道天下
——东厨之内万象生

第一篇

时间旅者
——人类饮食“记忆”

食物是天性的流露，

食物是天道的馈赠，

食物是信仰的承载，

食物能够连接一切。

借用马斯洛需求层次理论，人类对于食物的需求也可以分为五个层次：

生理需求，解饥解渴，这是最基本、最起码的需求。

安全需求，进入口中的食物不会给身体带来危害。

营养需求，食物中包含营养成分，并有利于人体消化吸收，从而增强身体素质。

感官需求，通过味觉、视觉、嗅觉等的综合作用，让人产生美的感受和无尽的想象，刺激食欲。

饮食文化需求，反映一个地区的文化特征，承载着特定的情怀和情感，带来精神上的愉悦和收获。

美国西雅图 The Crab Pot 海鲜餐厅

于是，“吃什么”“怎么吃”贯穿人类文明发展始终，人类的文明进程也对这两个问题做出了最好的诠释。

第一章

性，人类社会“以食为天”

达到一个文化核心的最佳途径之一就是通过它的肚子。

——人类学家、考古学家张光直

人类诞生至今，从茹毛饮血到刀耕火种，再到大规模种植与工厂化畜牧，人类社会也从蒙昧的原始社会历经奴隶社会、封建社会，进入到今天的资本主义社会和社会主义社会，饮食与人类文明发展紧密相关。

东方饮食文化圈的轴心——中国

身为一名中国厨师，我们走进的不仅是厨房，更是有着深厚底蕴的中国饮食文化；我们展现的不仅是菜肴，更是代代传承的中国文化内涵。

很多时候，当我静观正在被文火慢炖的食物，当我穿过飘香的街巷，当我看到食客满足的笑容，总会在不经意间感觉时光倒错，一幕幕景象在脑海中浮现：

远古时期，人们穿着兽皮衣围坐火堆旁，听着肉与火碰撞出来的“滋滋”声，交流着狩猎的心得和体会，没有什么比一块香喷喷的烤肉更能带来满足和幸福。

商周时期，天子端坐高堂，诸侯分列两旁，中间正在烹饪的食物香气袅袅，伴随着青铜编钟空灵的声响，食物隐于庙堂之高，多少故事在食物氤氲中而生。

唐宋时期，精致的瓷盘上放着来自异域的香料，散发出阵阵幽香，玛瑙、玉石精制而成的杯盏中，闪耀着美酒的琥珀之光，味觉与视觉的碰撞，让“吃”开始变得更唯美、艺术起来。

明清时期，各大菜系争奇斗艳，从杯盘碗盏到大小宴席，历经岁月的积累和沉淀，中国饮食文化大放光彩。

当今时代，不同的地理环境，南米北面、南甜北咸、八大菜系纷纷诉说着南北方人味蕾的差异；共同的文化环境，祭祀斋戒、道家养生、佛家茹素，承载着共同的中国文化内涵。

从最初的仅能果腹到后来的丰富丰盛，从日常饮食到家宴、国宴，中国饮食文化实在令人叹为观止，小小的舌尖之上承载着的不仅是人们对食物的需求，味蕾神经对刺激的反应，还集合了上到帝王将相下到市井百姓的全民族创造力；从文人雅士严谨恪守的“礼”，到婚丧嫁娶的各种“宴”，再到各代厨师们煎炒烹炸的高超技艺，中国饮食习俗在积淀与传承中发酵成一种文化，更在人与食的互动中牵扯着整个人类饮食的乾坤。

英国伦敦唐人街

俄罗斯乌法一家中餐厅入口

阿根廷布宜诺斯艾利斯中国城

芬兰的中国餐厅

美国西雅图康乐大酒家

生存性。民以食为天，饮食是人类生存和发展的根本条件，人类饮食的历史其实就是人类适应、征服和改造自然以求得自身生存和发展的历史。

传承性。不同地域文化的稳定发展以及长期内循环下的代代相传，使饮食文化的传承得以保持原貌。（食物的原料生产及其加工，基本食品的种类、烹制方法、宴饮风俗几乎都是这样世代相承。）

地域性。一方水土养一方人，不同地域的人因其获取生活资料的方式、难易程度及气候差异，自然产生、积累并形成了不同的饮食习俗和多姿多彩的饮食文化。

民族性。满族吃“福肉”（清水煮白肉），赫哲族有“杀生鱼”（生鱼伴以佐料而食），藏族喝奶茶吃糌粑……各民族烹制传统食物的技法及食品的风味各具特色。

审美性。随着人类对食材的优劣，对食物味道、色泽等的认识的不断提升，烹饪器具日渐丰富精美，人类烹饪技术和经验也日臻完善。在这个过程中其实人类早已将自身的审美意识和审美情趣融入其中，今天饮食文化的审美性更是得到了很好的拓展和延伸。①

从影响上看，中国饮食文化直接影响日本、韩国、蒙古等国家，是东方饮食文化圈轴心，并间接影响欧洲、美洲、非洲和大洋洲，正在惠及全世界。

世界各地都遍布着中国人的身影、中式的餐厅，中国美食与当地美食碰撞、交融，将不同的食材、不同的味道、不同的文化融合，这是一代又一代厨师的智慧碰撞！远在异国他乡的中国人、中国菜，总能带给我一抹别样的温情和感动。

---

① 隗静秋，隗玮，董强，等. 中外饮食文化[M]. 修订版. 北京：经济管理出版社，2015.

“果腹之境”的生活智慧
——加蓬/纳米比亚/赞比亚

想要成为一名优秀的厨师，眼要放得高，追求“从厨三美”——美味、美观、美意；心要放得低，做到“从厨三心”——细心、虚心、恒心。唯有此，才能对食物和厨艺有更深的理解与领悟。

人之初，饮食是生存的本能需要。中国几千年来老百姓耕种、收获、吃饭，吃得饱是“太平盛世”，吃不饱就会“革命造反”，“吃”曾是中国改朝换代最直接、最普遍、最根本的原动力和导火线。其实，不仅是中国，整个人类世界几乎都曾因吃不饱爆发过战争。

曾有人说：“世界什么问题最大？吃饭问题最大。”几十年前，为了让饥寒交迫的亿万中国人民都能吃饱饭，中国共产党人不断努力。今天，常听有人说：“吃饱饭，再谈理想！”“吃饱饭，再谈自尊和教养！”“吃饱饭，再谈情说爱！”“吃饱饭”的含义在我们的观念中已经极大地延伸和深化，可能是一份赖以生存的工作或事业，可能是一种自己想要的物质品质生活。然而在非洲，对很多人来说“吃饱饭”依旧只是美好的愿望。

2004 年 1 月 26 日，我接到工作任务，和其他人员从北京飞往法国，然后转机到加蓬。在飞机上，我望着被一片繁茂森林环抱着的白沙细浪，想着终于要踏上这片神秘的土地，内心隐隐有些激动，同时也有些紧张。加蓬共和国位于非洲中部的西海岸，横跨赤道线，是法国殖民地。当地是热带雨林气候，比较闷热，每天不知道什么时候会下雨。全然陌生的环境和多变的天气，我难免有些担心不适应。

下了飞机后，我看着肤色全然不同的人群，听着陌生的语言，有种到了外星球的感觉，紧张之余，多了一份新奇。不过容不得多想，我很快平复心绪，离开机场，全身心投入到工作中。身边的环境迥异、陌生，我不敢有丝毫的马虎和懈怠。

待一切安排妥当，第二天，我们来到当地菜市场选购食材。有些遗憾，我们转遍整个菜市场发现不过是一些土豆、洋葱、圆白菜、木薯、饭蕉之类的，虽有一些鱼虾但也不是很新鲜。好在我们做了准备，已经提前到乡下收购了几只散养的老母鸡，采购了一些海产品，并在别处预订了一些食品，食材得到了保障。

这次的市场之行，让我的内心有些沉重，这里是“绿金之国”，繁茂的森林一望无际，是非洲的“大氧吧”，可是超市里的物品基本都靠进口，也不怎么新鲜，蔬菜更是贵得离谱，大超市和普通市场之间横亘着的是加蓬巨大的贫富差距。

闲暇之余，我们也领略了非洲的原始森林风貌，见证了赤道线的神奇，徜徉在白沙细浪的海岸沙滩……一路上我发现，来这里沐浴阳光，尽情享受大自然馈赠的基本都是欧美游客或驻外机构人员。我不知道对于当地人来讲是“熟悉的地方没有风景”，还是他们正在为生计奔波而无暇顾及。我希望是前者。

2007 年 1 月 3 日，因工作原因，我再次踏上了非洲大陆。在机场，我充分感受到了非洲人民的热情、友好。

表演民族传统歌舞的赞比亚人民

第二天，准备好早餐、午餐，趁着一点空闲，我出去转了转，领略了一下赞比亚的风土人情。出于职业习惯，我最为关注的还是当地的饮食。

赞比亚饮食比较简单。人们喜爱吃西餐，平时用手抓食，在社交场合用刀叉。口味不喜欢太咸，爱甜及微辣，日常以白玉米、木薯为主食，也爱吃面食。爱吃鱼肉、牛肉、羊肉、猪肉、禽类、蛋类等，对煎、烤、炸、煮等烹调方法制作的菜肴偏爱，对中餐也很感兴趣，认为中餐的烹调技艺高超。当地的中餐馆规模都比较小，餐厅环境也一般，却为在赞比亚的华人和喜欢中餐的赞比亚人提供了便利，同时也弘扬了中国饮食文化。

离开的那天，我清晨 5 点开始准备早餐，然后将下一行程会用到的剩余食材加工好，以防措手不及。尽管小心翼翼，早餐时还是出现了状况。用餐时发现醋瓶居然是空的。原来是头天晚餐后收拾餐具的人员不小心将醋壶弄翻，清洗后忘了倒醋。

也许在很多人看来这没什么，再添上就是了，但是我心中却非常不是滋味：细节体现服务品质，任何一次服务都应当毫无差错，让客人 100% 地享受用餐的过程。这就要求餐饮人在工

赞比亚人民热情奔放的欢送仪式

在纳米比亚与参加欢迎仪式的民族歌舞表演者合影

与纳米比亚厨师合影

作上必须非常细心，甚至要以一种“吹毛求疵”的态度对待每一个用餐环节。

用完早餐，我们在赞比亚人民热情奔放的欢送仪式中登上飞机，前往纳米比亚首都温得和克。

从机场出来，我们前往市区，一路上只见街道整洁宁静、环境优美，花团锦簇中洋溢着浓郁的欧陆风情，我完全无法想象这是一座非洲城市，温得和克不愧被誉为“非洲最干净的花园首都”。

由于时间紧，我们只是坐车匆匆路过了市区，便返回酒店埋首准备晚宴和第二天的早餐及飞机餐，顾不上很好地体会当地的风土人情。

从加蓬到赞比亚再到纳米比亚，我整体的感受是非洲饮食单一，大米和玉米都很常见，但是非洲的农业并不发达，面对高昂的粮食价格，多数贫穷的人都非常“聪明”地选择木薯作为主食。因为木薯更具有饱腹感，价格也更为实惠。每每想到这一点，不由令我心生感慨：非洲是“人类的摇篮”，人类从这里走出去，在世界各地孕育了璀璨的饮食文化，可非洲当地更多的却是人类最早的“饮食天性”——吃饱。

然而，不管贫富，对美食的追求是人类的共性，比如，这里有着一道享誉世界的名菜“加蓬鸡肉曼巴”，配合当地主食“糊糊”（原料通常是玉米或是木薯），味道浓郁，体现着非洲人民质朴、热烈的人生风味。

艺术源于生活却又高于生活，厨艺也是如此。

美食“进化”之路——波兰

一个有见识的厨师，能够站在更高的地方用更广阔的视角来看自己。站得高了，看的东西多了，厨艺的元素自然就丰富了，格局和觉悟便自然而然地提升了。

古代中国通过丝绸之路输出丝绸、瓷器、茶叶、铁器等，引进葡萄、核桃、胡萝卜、胡椒、石榴、香料等，中西文化不断交流与融合，无数美食也在其间传递与碰撞。地理大发现之后，高产农作物玉米、马铃薯在全世界“扩张”，不仅解决了当时人口口粮的问题，也丰富了世界各地的饮食文化……

人类的饮食就在这样的交流、碰撞、融合中逐渐丰富，同时各个地区又自成一派，别具特色，兼收并用，和而不同，这种文化现象令人感到不可思议而又兴趣盎然。而来到地处“欧洲心脏”的波兰，我对此有了更深的思考和感悟。

2004 年 6 月，我乘波兰航空公司的航班前往波兰首都华沙，开始了此次的工作。

安顿好后，我前往当地市场。在海外逛市场已经成了我的一个职业习惯，这不仅能够帮助我了解当地的食材情况，也可以让我体验当地的风土人情。

市场里只有土豆、西红柿、黄瓜、洋葱、胡萝卜、鲜芦笋、彩椒、菠菜等，和国内菜市场一片绿色相比，这里的绿叶蔬菜少得可怜。

鲜虾煮三丝

鳟鱼是这里的特色食材，黑蒜品质非常好，我挑选了一些融入菜品之中。

接着忙碌了几天，工作圆满结束，趁着一点闲暇时间，我跟随一位懂外语的同志领略了一下华沙风情。华沙是波兰的政治、经济、文化中心，著名的《华沙公约》在此签订，它是一座历史名城，有着深厚的文化底蕴。

其实，未到波兰之前，我和很多人一样对波兰的了解是源于哥白尼、肖邦、居里夫人这些历史名人以及他们所代表的人文历史，源于它历经磨难后的战后新生。

然而，这里北接寒冷的波罗的海，南依边境上的绵绵群山，众多江河溪流养育着丰富的鱼类，肥沃的土地上种植着种类繁多的农作物，广袤的森林滋养着大量的野生动植物，这些都为世世代代生活在这片土地上的人们提供了丰富的食物，为波兰的饮食文化打下了深厚的基础。而其悠久的历史，优越的地理位置则为其饮食文化注入了一番别样风味。

波兰市区留影

古往今来，人们总能在波兰人的餐桌上发现来自其他国家和地区的饮食印迹，同时波兰又有着自己特有的烹调方式和格调，这让它成了世界重要的烹饪流派之一。

整体而言，波兰人口味适中，菜肴烹饪以烤、煮、烩为主。这里河水、湖水清澈无污染，盛产各种鱼类，用鱼做的菜肴很受当地人喜爱。我还遇到了一个意外之喜——饺子，当地有种类繁多的饺子，素馅的、肉馅的、水果馅的、奶酪馅的……各种风味，营养丰富。只是有点遗憾，这个欧洲美食融合之地，只有饺子能够让中国人感到亲切。

西式烤饺子

这里中国人比较少，中餐馆也很少，中国食品、调味品在市场上也很少见，甚至有一些中餐馆还是越南人开的。波兰人对中国菜的了解还停留在宫保鸡丁、鱼香肉丝、麻婆豆腐这些知名度高的传统菜式上，对于中餐丰富的帮菜体系、精美的摆盘设计、幽雅的就餐环境及中国人对食物的尊重和饮食文化的推崇，不了解也没有体会。

随着经济全球化的发展，中西饮食文化也开始了更多的交流、融合。作为一个行者，感受着别致的异国风貌，理解尊重其中的文化差异，沉浸、思考，从而感悟生命、包容生命，这应该是诗和远方的最高境界了。但是作为一名厨师，行万里路感受不同饮食文化的同时，也应尽己所能地传播本国的饮食文化，让其与异国他乡的饮食文化邂逅、交流，这也是当今厨师应该具备的格局和使命。

食材小传 鳟鱼

波兰河水、湖水清澈，环境气候很适合鳟鱼的生长。鳟鱼肉质鲜嫩，在当地深受人们喜爱。波兰邮政部门还发行了一枚鳟鱼的邮票。

鳟鱼以清蒸的烹饪方式为最佳，不宜添加太多的调味品，否则鱼肉原有的鲜味会被破坏。

黑蒜

黑蒜，又名发酵黑蒜，由新蒜清洗后放在容器中封好，然后放在55~60摄氏度的恒温下自然发酵而成。黑蒜口感软糯，有很高的营养价值及抗氧化、抗酸化的功效。去皮后黑色蒜体无蒜味，味道微酸甜。

和平安乐，触及心灵的美食享受——瑞典

美食与生活方式相得益彰，触及的不单是味蕾，还有心灵。

美食的诱惑来源于人类的天性。当人类为温饱而挣扎时，食物是最大的渴望，但毫无趣味可言，只求果腹；当生产力进步，人类生活水平提高时，食物触及味蕾，人类开始研究烹饪技巧，在意食材，食物妙趣开始呈现；当生活品质进一步提升时，食物触及身心，人类开始追求美、舒心、天然的美食体验，美食是身心的享受。

今天的我们很幸运，生活在人类社会生产力高度发达的时代，生活在国富民强的和平时代，生活在衍生出多彩饮食文明的时代。而我也在瑞典见证了一个和平安乐的美食世界。

2007 年 6 月，我有幸成为随访工作人员，第一次踏上了瑞典这片陌生的土地。

到达瑞典首都斯德哥尔摩后，我们去了一家中餐馆吃晚餐，菜品在中餐基础上进行了一些本土化“改造”，看上去不错，只是味道重了些。国外华人的餐饮基本都是如此，都融合了当地的口味偏好，这是入乡随俗，也是生存需要，毕竟“适口者珍”。

第二天，待各项事宜敲定后，我们去了当地最著名的欧斯特玛尔姆食品市场。

欧斯特玛尔姆食品市场，1888 年就开业了，至今仍保留着许多传统特色，比如，用来划分摊位和餐厅的精致黑木雕刻。这里有最好吃的瑞典美食，包括各式各样的海鲜、麋鹿肉和驼鹿肉，还有面包、糕点和巧克力等，是食客的天堂。

中国有句古话“一方水土养一方人”，其实动物也是一样的，芬兰驯鹿肉名声在外，而瑞

欧斯特玛尔姆市场

葱香牛肉

瑞典酒店美食

典则是驼鹿肉声名远扬，且不同环境下养出来的鹿肉口感也会有所不同。瑞典是一个非常注重环保的国家，所出品的驼鹿肉口感与众不同。

工作之余，我也充分融入了北欧这个既有斯堪的纳维亚传统风情，又有经典优雅建筑和无敌海景的城市当中。

瑞典，北欧五国之一，人均 GDP 位于世界前列，是拥有完善的公民福利制度的典范国家。这里实行全民养老，人人有所居、有所养，国民享受着免费的义务教育、医疗，可以说，“从摇篮到坟墓”都由国家包办，即使你身无分文，也可以在这里平静地生活。

首都斯德哥尔摩是有着 700 多年历史的老城，近 200 年来从未受过战争的破坏，古城的风貌吸引着世界各地的游客。中世纪的王宫、圣尼古拉教堂等建筑；诺贝尔奖颁发之地斯德哥尔摩音乐厅；国王街、王后街等繁华商业区；舒适得让人嫉妒的天气……无处不是这座城市底蕴之美的流露。

市区风景

诺贝尔奖颁发地斯德哥尔摩音乐厅

在芬兰湾钓鱼

傍晚，厨师朋友带我去河边钓鱼。蓝天碧树之下，我手握带有 6 个鱼钩的钓竿，无须鱼饵，只在渔线上放上小铝片，随着小铝片一沉一浮，6 个鱼钩总能“满载而归”，说不出的惊喜和满足。回到使馆厨房，我将小鱼简单收拾，过油一炸，再来两听啤酒，一边享受来自大自然的美味馈赠，一边与友人三言五语地把酒畅谈，这大概就是很多人追求的自然又惬意的现代理想生活。

这次我还有幸参加了“哥德堡号”仿古船返航仪式。

“哥德堡号”是瑞典古代远洋商船名号，曾三次到达中国广州。1745 年 1 月 11 日它从广州装载着 700 吨的中国货物，包括茶叶、丝绸、瓷器等启程回瑞典，8 个月后，在距离港口大约 900 米时，船头触礁，随即沉没，在岸边正等待其凯旋的人们只好眼巴巴地看着商船沉入大海。1986 年，瑞典对“哥德堡号”进行了考古发掘。1995 年 6 月，重造“哥德堡号”的工程拉开序幕。2005 年 10 月 2 日至 2006 年 7 月 18 日，“哥德堡号”仿古船沿着古老的“海上丝

新“哥德堡号”

绸之路”的路线成功复航中国。2007 年 6 月 9 日它又满载着中国人民的友谊和祝福返回哥德堡港口。“哥德堡号”仿古船复航之旅穿越了大半个地球，在中瑞两国人民之间架起了一座新的友谊桥梁。

仪式当天，几万民众聚集在码头，有人甚至站到了沿岸的建筑物屋顶上观望，民众挥舞中瑞两国国旗，现场不断爆发掌声和欢笑声。能够亲眼见证中瑞友好关系发展进程中这一历史性时刻，我感到非常骄傲。

瑞典不仅是福利好的国家，也是一个立法保护公民在自然中漫游、采摘、休憩权利的国家。瑞典人民无生计之忧，生活悠闲自得。瑞典有漫长的海岸线，广袤无垠的森林，星河般的湖泊，处处都是瑞典人的绿色食库和心理治疗室。

当我体验着这里水天交接的城市美景，感受着当地人的开朗、热情和友善时，我突然领悟到安乐如厨艺一般没有公式，也难分高低，但是能够细水长流般滋养人类身心的，一定是所选择的生活方式与自然、与人的天性相交融，这样安乐才能由心而生，自然长久。

第二章

道，天人相应的质朴饮食观

人法地，地法天，天法道，道法自然。

——《道德经·第二十五章》

人类之初，饮食是本能需要，但今天影响人类餐桌的除了科技和商业，还有人类对自身与自然关系的认知和自身的伦理态度：天人合一的生态观，感悟自然，本味为佳，合乎时序为美，适口为度；科学养生的营养观，合理搭配，饮食有节，以食预疾；五味调和的美食观，优选原料，巧妙加工，调和酸、甜、苦、辣、咸以达至味、至美。

山海之间“人”“物”和谐——智利

饮食文化中“天人合一”的秘密不仅隐藏在我们的菜品、技艺、设计和味道之中，也在我们对自然的敬畏和感恩之中。

中国古之先人通常是选择负阴抱阳、山清水秀、林木茂盛的环境优美处聚族而居，而其生存智慧则是“靠山吃山，靠水吃水”，根据各地的地理、气候、物产甚至季节的变化，择时而耕，择食而烹，人也早已因食物，在身心上与自然紧密相连。

于是，中国自古就有着天人相应的质朴饮食观。在古人看来，食物不仅是四季的结晶，更是上天的馈赠，只有当“天”与“人”达到和谐统一时，食物才能以最好的姿态滋养我们，我们才能以最纯粹的心境安然享受这份馈赠。

而当我们以“天人合一”饮食观来看待智利这个离中国极其遥远的国家的饮食文化时，冥冥之中我们似乎已经在内心建立了一种连接，会有更深的感受和领悟：在自然面前，世界饮食文化有着异曲同工之妙。

2004 年 11 月，我接到工作任务，来到智利这片土地。

到达智利后的第二天，我们便前往圣地亚哥中央市场。圣地亚哥中央市场是公认的世界十大美食市场之一，整座市场的支柱、横梁、拱门以及穹顶都是由铁锻造而成的，挑高的穹顶和通透的玻璃窗使大厅内显得宽敞明亮。在这里，有鱼店商贩的叫卖声，有站在小餐馆门口的侍应生的招呼声，有从远处赶来的买货人的嬉笑声……可以说，到过那么多国家，很少有哪个国家的市场能够像圣地亚哥中央市场那般，充满浓浓的烟火气息，令人感到格外亲切。

进入市场，每个摊位都整洁干净，而且明码标价，不允许讨价还价。逛了一圈，我发现整个市场里蔬菜比较少，这应该是国内外市场之间最大的差别了。

市场摊位上的红芹菜

菊花扇贝海鲜汤

从市场回来，我便埋首工作，还精心制作了一碗菊花扇贝海鲜汤。在智利，海鲜是一大特色，扇贝不但味道非常好，还可以调理脾胃，提升食欲。

这次，我需要准备一个重要的6人早餐。早上5点我就来到厨房，早餐宴会品种虽然不多，但一个人准备也有点紧张。好在不负所望，准点呈上奶酪拼盘、什锦素包子、金银双色卷、澄面鲜虾饺、芙蓉蛋羹、酸奶、水果拼盘及四品小菜、几种面包、两种粥等。

工作结束，我们被安排在两天后回国，趁着一点闲暇时间，我们去参观了圣地亚哥武器广场、圣母山、瓦尔帕莱索港等地。

也正是这几天的所看所悟，令我对这片陌生的土地有了深入的了解。

智利，位于南美洲西南部安第斯山脉西麓，南与南极洲隔海相望，有着得天独厚的地理优

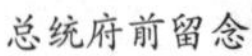

总统府前留念

瓦尔帕莱索港留念

势。丰富多产的天然资源不仅助力智利成为南美洲的富裕国家，也让智利美食在世界扬名。

智利环境干净天然，人民生活富足安乐。由于有着极长的海岸线，海鲜成了智利重要的美食。饮食方面注重菜肴的营养价值，讲究鲜、嫩、香。同时，曾为欧洲国家殖民地的智利，“引进”了欧式烹调手法，对炸、烧、煮、扒等烹调方法制作的菜肴有着偏爱。此外智利还有着全世界自然条件最好的产酒区，酒吧遍及全国……

传统欧式烹饪手法，加之当地物产及香料，以及古典欧洲与拉丁世界强烈的文化碰撞，创造出了以自然健康为基调的温和相融的智利美食，并与智利葡萄酒相互辉映，形成了别具一格的智利饮食文化。

在当地比较受欢迎的中餐是闽菜、粤菜，因为它们比较符合当地人清淡、喜甜的口味，但很多菜品也都做了“本土化”改造。而这一次我却邂逅了一家“另类”的东北菜馆。餐馆是东北人开的，用餐的基本都是东北老乡，一些原料也是从国内带过去的，基本保留了原汁原味。当天的晚餐也十分丰富，有韭菜饺子、酸菜炖腔骨、野蘑菇炖鸡、拍黄瓜拌粉皮等，都是地地道道的东北家常菜，我的味蕾突然有了一种“回家”的感觉，说不出的亲切和舒坦。

沉浸在智利这山海之间的丰富美食世界，口含万里之外地道中国味，我不禁想道：其实，不管在中国还是在智利，抑或是在世界的其他国家，人们在大自然中恭候瓜熟蒂落、鱼肥羊鲜，尽得自然精华，人们发挥聪明才智，一瓢一锅之间烹炸五味，尽显人间本色。每一名厨师都应当如古人那般“敬天、敬地、敬自己”：

敬，天佑苍生，四时有序；

敬，地生万物，春播冬藏；

敬，人成万物，审时度势。

努力追求、领悟，“天人合一”的自然、通透之境。

食材小传·牛油果

牛油果，也叫鳄梨，是智利特产，外皮像鳄鱼皮，形似梨，高能低糖，含多种维生素、丰富的脂肪酸和蛋白质，以及高含量的钠、钾、钙等元素，营养价值很高，还能够降低胆固醇。

牛油果不但可以生食，还可以做成菜肴。将牛油果切粒配在虾仁中一起翻炒，整道菜品色泽、口感都非常不错。

帝王蟹

帝王蟹被称为蟹中之王，阿拉斯加帝王蟹被称为北半球帝王蟹，智利帝王蟹被称为南方帝王蟹或南半球帝王蟹。智利帝王蟹生长于南极深海 300 米纯净、零污染的冷水海域，比阿拉斯加帝王蟹小一点，体型短，身上的倒刺细长而尖锐，很容易辨认，肉质洁白，极为鲜美，但长成可供品尝的成蟹需要 8—12 年的时间。

一阴一阳，烹调生活——越南

厨师要有深厚的食物知识、技能素质和职业素养，才能烹调出阴阳合一、“风华绝代”的美味绝品。

天地乾坤，天为阳，地为阴；日为阳，月为阴；火为阳，水为阴；山南水北为阳，山北水南为阴……世间万物皆分阴阳，阴阳合一而成花花世界，阴阳调和方能确保世界正常运行，这是中国古老哲学思想。

浸润着中国古老哲学思想的中国饮食，从一开始就隐含着神秘的阴阳调和之法。发明陶罐之前，先民们的饮食只有“阳”——火烤之后直接吃，却也感悟到烤制食物发干、发燥，不利养生，于是后来有人将烧红的石头扔入水中，从而将食物“煮”熟，寻求简单的“阴阳调和”之法。直至陶罐的出现，才真正将水与火的对立调和起来，开启了蒸、煮、熬、炖、煲等烹饪技法的伟大时代。而阴阳不唯天地之间，食物本身更是有着阴阳之别。肉食之中，羊肉会上火，海鲜则发凉；大多数植物，向阳而生为阳，背阳而长为阴；有的单个个体也分阴阳，外部为阳，内部为阴。从阴阳平衡的理论来讲，万物都是相生相克的。如夏季出产的食材大多清凉败火，正好可以与燥热的天气平衡；冬藏的食材大多温养，恰巧与寒冷的天气相中和。从这个角度来讲，吃当季的蔬菜往往是最合适不过的。被尊为“美食圣人”的袁枚在其《随园食单》中指出：“凡物各有先天，如人各有资禀……一物有一物之味，不可混而同之。”

中国饮食文化不仅严格遵守这样的阴阳平衡法则，而且以此影响了周边国家，如越南。

2006 年 11 月，我接到工作任务前往越南。这次我需要在河内和岘港两个城市之间往返。我先去河内了解了一下食材情况，紧接着便飞往岘港开始了前期的准备工作。

岘港对于大多数人而言可能比较陌生，对于来过这里的人来说，其水天一色的风光亦不逊于马尔代夫!

出机场时已是饭点，我们就近到海边的一家越南餐厅品尝越南菜。越南由于曾被法国殖民，处处留有法国的文化气息，也保留了很多法式烹调手法，同时又深受中华文明的熏陶，融合了多元文化，从而形成了越南别具一格的饮食文化。

总体来说，越南菜给我的感觉是价格便宜，菜式大众且带点中式特色，原料广用热带果蔬，风格天然清爽，口味比较清淡，偏向酸甜。

第二天早上，我在酒店品尝了正宗的越南牛肉米粉和炸春卷。越南米粉是越南百年经典美食。炸春卷是最受越南人欢迎的一道菜，和中国的春卷做法不同，味道也有很大差别，可谓是越南标志性的名菜。它们在世界粉面类食品中占有举足轻重的地位。

在岘港我还收到了一份特别的礼物——一幅精美的越南刺绣。这份礼物我珍藏至今，每每看到它就会想起在越南的时光。很多时候你和一个地方的缘分，你曾经的一段经历，都会被封存进一件特殊的物品中。它对你而言是见证，是回忆，是触动你内心的“时光秘密”。

岘港任务完成，我们飞往河内。当我们到达时已是中午。我用了15分钟，准时将午餐呈上。晚上我给大家准备了晚餐，能够用美食美酒消解一下大家旅途、工作的疲惫，我感到十分欣慰。

第二天的早餐很重要，共6个人，我4点半就起床准备。早餐是中西结合，制作工序比较烦琐，好在有些食材我提前做了准备（每次采购食材时，我都会适当地多准备一些，以防不时

精美的越南刺绣

家常烧海参

越南大宇饭店的厨房

之需）。期间需要什么餐具，如何摆台面，哪些需要提前摆放，上菜顺序如何……我对服务员一一强调了一番。美食、美器还要配合美的服务，我们要充分体现出服务的高标准、高水平。

我在越南整整待了一个星期。所见所感所尝及与酒店厨师的交流、沟通，使我发现越南与中国一样，有一个非常有趣的现象，他们几乎时时把“吃”字挂在嘴边。比如，常用的词语“吃玩”“吃住”“吃学”“吃睡”“吃年”等，连计算时间，越南人的传统说法也与饮食、耕种之事有关。比如，表达“很快”，他们说“嚼杂了槟榔渣”，表达“几年”，他们说“几次庄稼收获”。

他们更是赞成中国饮食文化中的阴阳调和理论，认为咸菜属阳，酸甜属阴，烹调注重清爽、原味，只放少许香料、鱼露、香菜和青柠檬，其中鱼露和青柠檬是必不可少的佐料，还经常将咸甜混合，比如鱼露、红烧肉、红烧鱼、烤腌肉等都会掺杂点糖，吃甜品、西瓜或喝椰汁时则加一点盐让阴阳相称。而一些被认为比较上火的油炸或烧烤菜肴则会配些新鲜生菜、薄荷、小黄瓜等可生吃的菜一同食用，以达到下火的功效。

不仅如此，与我们中国人一样，越南人也非常关注人和食物之间的阴阳平衡。比如，着凉感冒时，会在粥、汤中加点生姜（而我们则是熬姜糖水），因为着凉受阴必须以姜（阳）调和；中暑则是人体阳盛，必须煮葱粥（阴）喝以便调和；夏天阳气重会喝酸汤（和我国南方一些省份的酸梅汤有着异曲同工之妙），冬天阴气重则吃烤肉……

因此，这就要求厨师要十分熟悉每一种食材的属性和味道，不能令它们发生冲突。就如清代童岳荐先生在《调鼎集》里所说：“配菜之道，须所配各物融洽调和。”

在我看来，没有经过调和的菜肴就不是一盘完整的菜肴。我给领导包括每一个食客所呈现的菜肴，也一定是我经过详尽的食材属性研究，充分了解食材彼此之间关系后设计搭配的，特别是在为领导服务时，我更是需要结合当地的气候特点、食材特点、领导的身体状况，严格精选食材，合理搭配，以求在天、时、物、人之间平衡。

技法小结 越南牛肉米粉

越南牛肉米粉，黄牛肉加香料炖煮，切成薄的小块，加入牛肉汤和米粉里，再加入豆芽、青菜、薄荷、柠檬、红辣椒圈等，具有独特风味。

炸春卷

炸春卷最受越南人喜爱，与中国的春卷有所不同，米皮用稻米磨浆制成，馅以豆芽、虾肉、鱿鱼丝、粉丝、葱段等做成，蘸上鱼露、酸醋、辣椒等佐料，脆而不腻。

“西餐之母”的历史底蕴——意大利

美食无言，只是很客观地摆放在餐桌上，但是就在这最“形而下”的菜色里，却散发着最“形而上”的思想气息，需要我们深入思考、领悟不同文化之间的和而不同。

人类对食物功能的认识经历了两个层次：

一是无毒且能够食用，提供基本营养；

二是发现了食物的其他功能——保健和治疗。

于是，在地大物博的中国，人们生养于自然，重视人与自然及社会的和谐统一，从老子的“道生万物”到庄子的“逍遥游”，再到后来道教的“不老之术”，形成了“天人合一”的哲学思想体系及一套“益气养生”学说；中国最早的医学典籍《黄帝内经》也形成了中国“药食同源”的理论体系，《黄帝内经 · 素问》脏气法时论篇中指出“五谷为养，五果为助，五畜为益，五菜为充，气味合而服之”，把食物不同的特性和作用加以概括，成为中国一条“基础”的养生原则……

饮食文化就是人类文明进程的一面镜子，饮食之道积淀于文化，呈现于文化。中国饮食文化是东方饮食文化的轴心，蕴含着东方“天人合一”的深沉智慧。

而在西方，人们将人的思想与实践活动用于认识和解决问题，努力探索和开发自然以获取人类发展资本，在探索的过程中崇尚理性、科学，“天人相分”成了西方传统文化的“中坚思想”，科学理性的精神，遵循自然规律的理念和独立自主、互不干涉的思想形成了西方人的生活哲学基调。

这种思想影响、造就了西方个性突出的饮食观，注重个体特色，强调通过对食物原料的加工制作，保持和突出各个原料的个性，创造出西方人心中的最佳饮食境界，同时满足人们的生理需求。而西方哲学发源于古希腊，具备这种深厚文化底蕴的意大利更是欧洲文艺复兴的发源地，因此意大利饮食文化成为西方饮食文化的代表。

2009 年 7 月，我因工作任务前往意大利。

到达当天，我们在当地吃上了地道的中国菜：酱肘子、酱牛肉、拌海蜇、炝黄瓜、西芹拌苦瓜、酸辣豆腐汤、蒸多宝鱼、熘鸡片、干烧扁豆、煮玉米、蒸芋头、面条等，大家都非常满意，口中的美味也让我们一洗旅途的倦意。

接下来两天，我们在工作之余，也领略了罗马这座城市的风采。

罗马是世界灿烂文化的发祥地，被称为“永恒之城”，也是意大利文艺复兴的中心，拥有沉淀了千年的历史文化底蕴。罗马斗兽场、特莱维喷泉、万神殿、西班牙广场、真理之口、威尼斯广场……古罗马的遗迹规模宏大，文艺复兴时期的精美建筑和艺术珍品令人浮想联翩，流连忘返。

我们还去品尝了正宗的纯手工制作的传统比萨。罗马有很多的比萨店，但是纯手工制作的已经很少，需要特制的土窑、上等木材和新鲜原料才能烤制出最地道的比萨，就像中国的烤鸭一样，烤箱烤制的比萨只有面皮上的食材鲜味，而窑烤的比萨不但有新鲜食材的美味，饼皮的香味更是非同一般。我们去的这家传统餐厅客人不是很多，厨师现场制作，在窑中烤制，饼底大且薄，柔软耐嚼的饼底放上自己喜欢的配料和奶酪烤制，送到你面前时，热气腾腾，香味四溢，令人食欲大振。

维托里安诺纪念堂

纳沃纳广场

在罗马，我将这一站所需要的食材和初加工事宜交代清楚后，便和同事乘高铁前往佛罗伦萨。

到了佛罗伦萨，我们先将事情一一安排妥当，随后去酒店商谈厨房

前往佛罗伦萨的红箭火车

事宜，并顺路领略了一番佛罗伦萨风情。

佛罗伦萨这个城市不大，但颇具绅士格调，圣母百花大教堂、市政厅、乔托钟楼……整个城市保留着文艺复兴时的风貌，人们安居乐业，环境和谐、优美。我们还去另一家当地有名的餐厅品尝了意大利火腿和牛排。

餐厅很有特色，一进门迎面看到的是房梁上吊着的风干火腿，在服务台旁边有一台刨肉机，会根据客人的需求量将火腿切片，然后称重量。餐厅服务非常热情周到，每个餐桌上都放有两瓶橄榄油，供客人蘸面包用。而这里的火腿就是鼎鼎有名的意大利帕尔玛火腿，是当地人引以为豪的特产之一。

品尝完火腿，我们便马不停蹄地赶往威尼斯。

到达威尼斯后，我们严格按照惯例将前期的事情一一安排好。晚餐是酒店提供的中餐。据了解，酒店老板是中国人，1958 年就从山东到了意大利，经过自身奋斗创下了一份产业，非常不容易。

第二天早餐后，我们去领略了威尼斯风采。

威尼斯位于意大利东北部，是世界闻名的水上城市、历史文化名城。威尼斯大运河蜿蜒穿过主要城区，与城内众多的古建筑——教堂、钟楼、修道院、宫殿，构成了一幅令人惊叹的、近乎超凡的灵动水景图，我不禁重新调整自己的感官，全然沉浸于这样的美景之中。

然而，时间有限，片刻的享受后，便要乘车返回罗马。晚餐，我终于品尝到了正宗的意大利面，并点了正宗的肉酱意粉，这也是颇受中国人欢迎的经典款。

佛罗伦萨的“火腿餐厅”及餐厅特色菜品

圣马可广场

7月5日，我按照事先的安排准备好，晚餐时搭配了当地的特色火腿、肉酱意粉；6日，我在领导的午餐食谱中又增加了意大利面，味道口感都非常不错。

工作结束，我们乘船前往马可波罗国际机场，然后飞往佛罗伦萨。多地转辗，此次意大利之行，令我感受颇多。

中国饮食深受中国传统文化的影响，有儒家的“以和为贵”“以和为美”，道家的“阴阳相合”“天人合一”的精神内核及中医“药食同源”的养生文化，强调五味调和，食材追求温寒搭配，形式多样。而意大利饮食则是将西方“天人相分”的思维深深植入，在意大利菜谱中，除了汤类和酱汁，各种食材基本都是分开烹饪，互不相干，同时讲究食物的营养成分搭配，色彩对比鲜明，滋味上各种原料互不干扰，各是各味，简单明了，且每天只摄入足够的营养，满足一天消耗、保持身体健康即可，讲究科学、理智地用餐。可以说，是不同的地理位置、气候、物产，不同的哲学和世界观，不同的历史，塑造出了中意两国迥异的饮食文化，彼此之间没有优劣之别，都是人类文化中的瑰宝。

同时，中国和意大利有着很深的渊源。700多年前，意大利旅行家到达中国，与元世祖忽必烈建立了友谊，游历中国17年，一本《马可·波罗游记》详细记录了中国博大精深的历史文化和人民的生活习俗、饮食文化、建筑风情等，让意大利人民乃至整个欧洲了解了东方，激起了欧洲人对东方的热烈向往，并对以后新航路的开辟产生了巨大影响。今天，意大利作为“一带一路”的重要国家，与中国之间的经贸往来更为频繁。

人类文明因交流、互鉴而丰富多彩，饮食也是如此，中国饮食文化正一步步走向世界，外来饮食文化也在一点一点改变我们的生活，我们当有包容、谦虚之心，积极借鉴包括意大利饮食文化在内的国外饮食文化中的合理部分，比如科学的营养搭配，健康、节俭的饮食习惯，也要有着中华民族的骄傲、自信，发扬自身优秀的饮食文化传统，让中国饮食文化日益被世界感知、重视。

食材小传 橄榄油

橄榄油是由橄榄树的果实天然冷榨而成的纯植物油，无添加剂，却可以几十年不变质，被认为是现今最适合人体的营养油脂，不含胆固醇，易消化，号称“液体黄金”，世界各国都在食用。意大利是全球橄榄油第二大生产国。

意大利面

意大利面，又称意粉，原料为杜兰小麦。杜兰小麦是最硬质的小麦品种，具有高密度、高蛋白质、高筋度等特点，其制成的意粉通体呈黄色，耐煮，口感好。

意大利面形态各异，种类繁多，有螺丝形、弯管形、蝴蝶形、贝壳形——林林总总数百种，其空心的种类被部分汉语使用者称为通心粉。

正宗的意大利面，酱料很重要，基本分为红色酱、白色酱和青色酱。红色酱的酱汁以番茄为主，白色酱的酱汁以奶油为主，青色酱的酱汁以罗勒、松子、橄榄油等制成。

技法小结 帕尔玛火腿

全世界最著名的生火腿——帕尔玛火腿，色泽嫩红，如粉红玫瑰般，脂肪分布均匀，口感相较其他火腿更为柔软。制作时运用独特的方法将整个猪腿盐腌、风干、熟成，整个过程长达一年以上，食用时不需加热，味道鲜美，咸中带甜，口感柔软。

第三章

俗，历史、地域环境下的特色酝酿

人们都是凭天性思考，按规则说话，照习俗办事。

——英国散文家、哲学家弗朗西斯·培根

因为人类的本能和思想，饮食在人类社会早已发生转化，转化成了悦耳的话语、舒心的微笑或充满寓意的行为，转化成了善良或崇高的思想，转化成了凡人或英雄的故事，转化成了一脉相承的习惯或信仰……未来，一名优秀的厨师，也会不局限于一时一地，自然是食库，习俗是调味，世界就是厨房。

外来烹饪技法与本土特色“激情”碰撞——巴西

就像人类文化是在碰撞、融合中发展、进步一样，厨师也是在与人、事、物的交流中历练、成长。

丝绸之路、晋室南迁、高宗南渡、海上丝绸之路、湖广填川、走西口、闯关东……中国历史上多次南北交流、民族融合、东西交汇，正是这种独特的历史演进，推动了中国饮食文化的融合与流变。

其实世界皆然，人类饮食文化在形成过程中经历“千锤百炼”，国家、地区的交流，民族的融合，这些无不对饮食文化造成了影响。比如巴西，受葡萄牙风俗、印第安人传统文化和来自亚非欧地区的移民文化等诸多因素的影响，创造出了丰富多样的巴西烹饪技艺，形成了特点鲜明的巴西饮食文化。

2004 年 11 月，我接到工作任务，前往巴西。

未到巴西之前，和很多人一样，我只知道巴西烤肉、“足球王国”和桑巴舞，这次能够实地感受巴西的风土人情，我的心情也格外激动。

从纽约转机到达巴西圣保罗机场，一下飞机我们便开始进入工作状态，了解当地的食材，然后到酒店现场考察，一直忙到傍晚。我们选择了一家华人餐厅用晚餐，晚餐后，我们去看著名的桑巴舞表演，没想到居然迷了路，坐车转了两个多小时，还是未能找到地点。虽然有遗憾，但是我也明白，出门在外不可能像在国内那般方便、安心。

第二天，我乘飞机去往巴西第二大城市里约热内卢。这次遇到了一位老朋友，他乡遇故知，感觉分外亲切。

我们忙完了工作，看还有些时间，就去参观了一下当地景点。

随手拍的海边一景

足球场

里约热内卢是巴西第二大城市（仅次于圣保罗），它背山面水，港湾优良，是巴西最大的港口，也是南美洲旅游胜地。正如它的名字一样，里约热内卢充满了异域风情，大西洋、沙滩、森林、群山、美食、音乐、狂欢节……难怪在巴西会流传这么一句话——“上帝用六天创造了世界，第七天创造了里约”。

不论你是否到过里约热内卢，相信你对耶稣像都不会陌生。走在里约热内卢街头，我也自然地抬头寻找云端的耶稣像，后来发现根本不用寻找，几乎在里约热内卢的任何角落都能够看见，它位于 700 余米高的科尔科瓦多山（也称基督山、耶稣山）山顶，在 2007 年被评为“世界新七大奇迹之一”。

我们登上耶稣山近距离地观看了耶稣像。雕像中的耶稣身着长袍，面容安静而祥和，平举张开的双臂仿佛是在迎接所有人的到来。这里也是俯瞰里约热内卢美景的最佳去处，站在山顶全市风貌一览无余，一座座略显突兀的花岗岩山峰更为其增添了无穷的魅力。在耶稣山对面，一座陡峭而光滑的山尤为引人注目，因其颜色和形状酷似刚出炉的面包而被巴西人称为“面包山”。

耶稣山上俯瞰里约热内卢

“神像”与“面包”——信仰和食物，人类文明进程中最重要的两个元素在这里彼此相望、守护，令我唏嘘不已。

从耶稣山下来，我们到世界有名的烤肉店 Porcao（俗称“大猪脸”）品尝了正宗巴西烤肉。烤肉店采用自助形式，餐厅中间是琳琅满目的自助台，上面摆有各种沙拉、蔬菜、水果、烤肉及日本寿司。服务生手拿 60 厘米的穿着烤肉的铁杆子，来回在餐厅中穿梭。铁杆子上的烤肉拳头大小，有全熟的，有半熟的，服务生根据客人的选择为其现场切割。烤肉肉质非常鲜嫩，味道鲜香，和国内的巴西烤肉不同，不愧是巴西最为出名的美食。

用完晚餐，还有些时间，我们便去了大舞台剧场，观看桑巴舞表演（弥补了我在圣保罗的遗憾）。这里的观众基本都是外地游客，其中有很多中国人。在激昂热烈的桑巴乐曲下，在妙龄女郎热情火辣的舞姿中，整个舞厅活力四射，洋溢着一股浓烈的欢快氛围，极具风情，也让人充分体验到了巴西特有的热烈、奔放的民族特性。其间她们还为国外游客演唱了各个国家的名曲，中国的歌曲是《茉莉花》，虽然汉语不太标准，但是当熟悉的旋律在舞台响起的那一刻，我的心头不由得升起了一种亲切感。

到达里约热内卢的第二天，我们去了当地市场。菜市场是最富有本地特色的美食坐标，不管你到什么地方，在多么陌生的城市，菜市场总能让你有一些新发现，让你找到当地的美食。这里的市场食材非常丰富，蔬菜、水果、海鲜品种齐全，海鲜有平鱼、石斑鱼、海鲈鱼、马鲛鱼、虾等，还有一些我不认识的品种。

当天下午我按照行程飞往巴西利亚做准备工作。

到达巴西利亚后，工作之余，我抽空感受了一下巴西利亚的风土人情，这让我对这个年轻而现代化的城市有了非常直观的感受。

巴西利亚是巴西于 1956 年至 1960 年在一片荒野上建造起来的新首都。尽管没有悠久的

当地市场中的“旱螃蟹”（不用养在水中）

历史，但它以大胆设计的建筑物及快速增长的人口而闻名，主要建筑有外交部、国会、司法部、总统府、大教堂等，它们的特点是线条简单大方，且都与水结缘，大都建在水池之上。外交部大楼的水池里有一个白色大理石雕塑，国会后面的水池养了几只黑天鹅，司法部水池前有几处瀑布……水的灵动给这些一向单调严肃的行政机构增添了一些生气。

在巴西利亚我利用当地特色食材姬松茸，配合枸杞、鸡汤等制作了一道姬松茸养生汤。我还有幸见到了巴西传统烤肉——一个用砖头砌成的近 1 米高的烧烤池，一位年近六十岁的老厨师动作娴熟地烤着前一天用海盐腌制的牛肉。那天，我也品尝到了最正宗的巴西牛肉，至今回

烤龙虾

送餐车及保温箱

味无穷。这也成了我厨师生涯中难忘的回忆。

随后我们飞往里约热内卢准备晚宴，到了以后发觉有物品遗漏，我立刻给联络员打电话，幸好有车过来，时间也还来得及。成功取回食材，晚宴一切顺利。这件事也给了我一个深刻的教训：凡事一定要亲力亲为。

第二天，我们从里约热内卢坐游船到机场前往圣保罗。游船上与我同行的是一位部长，他非常平易近人，风趣幽默。我们像两个小孩子一样在游船上起跳，“探讨”船在行进中跳起还能落回原地的科学原理。跳起时，部长眼镜从口袋掉落，摔坏了。我有点不好意思，部长则摆摆手说没关系，下船后修一下就行了。

到了圣保罗，我将行李放下，一头钻进厨房，却发现厨房“空空如也”，没有食材，没有餐具，没有调味品。好在我在里约热内卢做了准备，一番快速操作，用 20 分钟完成了一顿简餐。

在外工作，总会有各种意想不到的事情发生，我只能时刻提醒自己：一个人在外工作要面对不同的人、不同的环境，本就任务艰巨，要做到完美，只能拼尽全力。

2010 年 4 月，我因工作第二次踏上巴西这片土地。只是这一次，经过多年历练的我，有了丰富的经验，工作完成得非常顺利。

两次到访巴西，近半个月的实地接触、体验，让我对巴西饮食文化有了更深的感悟。

不管在里约热内卢还是圣保罗抑或是巴西利亚，街上随处可见各国侨民，巴西历史上也曾有过几次大的移民潮：16 世纪初，葡萄牙人开始以殖民者的身份来到这片土地，葡萄牙菜由此出现；19 世纪德国人、意大利人、西班牙人来到这里，欧洲西餐文化开始主导巴西人民日常饮食；20 世纪初，日本人、叙利亚人和黎巴嫩人相继来到这里……随之，巴西在欧洲文化、美洲印第安文化和非洲文化结合的基础上，将几大洲的美食精妙之处完美结合，产生了独特的巴西饮食文化。

在饮食上，巴西人以大米为主食，口味重，平常主要吃欧式西餐，因为畜牧业发达，所以巴西人日常饮食中肉类占比较大。过去巴西人不喜欢食用蔬菜，但自外来移民种植了大量的优质蔬菜后，巴西人的餐桌上蔬菜变得丰盛起来。吃鱼在巴西人中还没有完全普及，通常只在星期五和复活节时才吃，他们更喜欢吃虾。而烤肉则是巴西著名风味佳肴，家宴、外出野餐都少不了，它也是巴西上层宴客的一等国菜。

今天，随着全球化的发展，本是移民国家的巴西，其饮食文化和奔放的桑巴舞、热烈的狂欢节一起，将独属于巴西的热辣风情呈现给全世界。

食材小传 姬松茸

姬松茸，又叫巴西蘑菇，是生长在圣保罗郊外的山间菌类，是名贵食用菌，味道鲜美，含有丰富的硒物质，能增强人体免疫力，补充特需营养。

技法小结 巴西烤肉

相对土耳其烤肉里的胡椒、洋葱，新疆羊肉串里的孜然粉，欧美烧烤里的烤肉酱，巴西烤肉的佐料可以用“吝啬”来形容：只放粗盐，用海盐将牛肉腌制入味，特别注重肉的原汁原味。牛肉腌制好后穿在一根长约一米带凹槽的扁平铁叉上用炭火慢慢烧制。食用时，外焦里嫩，肉质鲜美，且带有一股松木芳香，这种返璞归真的味道可谓一绝。

美食像诗歌和艺术一样流向世界——法国

一般的厨师烹饪的是美食，一流的厨师烹饪的是艺术，美食令味蕾享受，艺术则令心灵享受。

有人说，通过餐桌上的就餐气氛，就可以判断这个国家国民的整体个性。

中华民族崇尚“以和为贵”，在饮食上“以食表意、以物传情”，在风俗文化和长期的生活习惯的影响下，中国人用餐时喜欢用圆桌，享受聚餐的热闹氛围，喜“动”不喜“静”，为人处世圆润中庸，也习惯用餐时互相让菜、劝酒，餐桌上的气氛十分和谐，同时追求“天人合一”，有着“万丈红尘三杯酒，千秋大业一壶茶”的豁达和淡然。

西方文化崇尚自由，追求人的个性，家庭结构简单，饮食上关注食物的营养价值，菜式不多，用餐时常用方桌，喜“静”不喜“动”，每个人都专心致志，静静地享用着盘中餐，为人处世直率、专注、有个性。这样的性格特点也为美食注入了别样的情调，比如法国，幽雅的就餐环境，华美的餐具摆设，加之当地艺术气息的熏染，饮食和艺术相辅相成。

我去过法国很多次，每次去非洲都需要到巴黎转机，一般住在招待所休息一天。招待所每天上午有免费的班车去巴黎景点，路过的次数多了，著名的几个景点我都去过，但是因自身学识浅薄，又迫于时间紧张，只能算是长见识、开眼界了。直到 2010 年 11 月，因工作到法国，我这才对法国有了深入了解。

到达巴黎时已经是饭点，我们就去附近的一家中餐厅用餐。餐厅名称很有意味，叫“禅庄花园”，靠近香榭丽舍大道，据说是巴黎颇受好评的中餐厅之一。餐厅摆设着佛塔、古筝、木雕盆栽、字画……装修古色古香，格调高雅，不但让华人有着强烈的亲切感和自豪感，而且深受外国人青睐。来这里的 90% 是法国人。餐厅老板就是厨师出身，懂得菜肴是餐厅的根和灵魂，而且颇能融会贯通，发明了用烤鸭饼卷法国鹅肝的吃法，将中法饮食的精髓巧妙结合，符合法国人口味，加之独特、传统东方式的就餐环境，也让中餐在法国人心中的形象得以提升。

我们在餐厅品尝的菜肴有豉椒炒牛柳、炸烹龙虾、蒸多宝鱼、麻婆豆腐、香菇炒油菜，还有一大盘面条和一些红酒，价格不贵，大家都吃得挺好。老板听说我是国内来的大厨，非常客气，送来了一盘水果，还和我合了影。

第二天我们把工作都安排好后，去了当地市场。法国的食材很丰富，蔬菜品种也很多。其中黑松露是法国顶级食材，我将其放入中式珍菌汤中，令汤味更加鲜香，呈现出一种独特的风味。

一天的工作基本完成，晚餐我们去了附近的一家特色牛排店 Le Relais de I’ Entrecote(利雅得)。这家餐厅非常出名，也很有特色，没有菜单，只做一道菜——牛排配炸薯条。不过它保留着法国传统的进餐习惯，会为客人准备前菜、酒水和甜品（需单点）。晚餐是法国人一天中最重要、最正式的一餐，一般包含四个部分：汤，如洋葱汤、鱼汤等；

黑松露珍菌汤

香榭丽舍大道

头盘，如焗蜗牛、鹅肝酱、沙拉等；主菜，以肉类、海鲜为主；甜品，冰激凌、蛋糕等。

餐厅上菜速度非常快，刚坐下不久沙拉就上来了，一会儿牛排也上来了。上牛排时先上一半，另一半放在旁边用小火保温，等客人吃完再上另一半，服务非常周到。牛排是香草味，味道非常不错。评判牛排，首先看原料选择，也就是牛肉部位的选择，不同部位的牛肉有不同的口感；其次考验的是技术，而最重要的则在调味汁上。这家餐厅的牛肉酱汁就是它的秘密武器。

第三天，由于时差我很早就醒了，站在阳台上，看着埃菲尔铁塔安静而坚强地矗立在雨中。整个巴黎还在沉睡，一天的喧闹还没开始，不知怎么，心里升起了一股淡淡的乡思。然而，时间不容许我有太多的伤春悲秋，很快忙碌的一天就拉开了帷幕。简单用完早餐，我们就乘坐飞机奔赴法国东南部城市尼斯。

到达尼斯后我们入住酒店，并在酒店品尝了正宗的法式午餐。

午餐结束，安排好一切事宜后，还有点时间，我们去海边的山顶欣赏尼斯的全貌。尼斯是法国旅游度假胜地，有着长长的海岸线，充满了地中海风情。灿烂的阳光，蔚蓝的海水，新鲜的食材，正宗的美味法餐，人们都喜欢来这里。

从海边的山顶俯瞰尼斯

法国美食

工作结束后我们匆匆返回巴黎。得了片刻空闲，我们去参观了凯旋门，欣赏了铁塔夜景。

在塞纳河边，我顺着塞纳河走了一段，脑中思绪万千：意大利的饮食文化与烹调技艺累积了数千年的经验才居于西餐主流地位，而法国饮食虽然起源于意大利，但是其特色文化如古典文学、艺术设计、戛纳国际电影节等，使法国成为世界上最具浪漫与艺术气息的国度，在这种灿烂而漫长的历史文化沉淀中，法国饮食青出于蓝胜于蓝，甚至一定程度上取代了意大利菜的主流地位，享誉全球。在美食的世界，“美”从来不只是单一美味的传承和享受，更是与传统、时代、文化、艺术相结合的综合性的创新和领悟。我很庆幸自己有这样的工作机会，能够感受不同国家的文化，欣赏世界人文美景，这不仅有助于个人开阔眼界和增长见识，而且促进了自身厨艺境界的极大升华。

2014 年 3 月，我再次接到工作任务，乘飞机从北京飞往巴黎，在巴黎转机前往里昂。只是这次不知怎的，我坐飞机时头疼，一路吃了两次布洛芬，在飞机上也睡不着。到达里昂时正赶上下大雨，我们便直接前往酒店。

酒店不大，坐落在罗纳河的岸边，我在房间打开窗户，便可将美丽的罗纳河以及两岸风景尽收眼底。而罗纳河穿城而过，赋予了这座城市不少的灵性。

里昂位于法国东南部，是法国乃至欧洲重要的文化与艺术中心，以丝绸贸易而闻名，在罗马时代就相当繁荣，1998 年里昂历史遗迹被联合国教科文组织列入《世界遗产名录》。

这里拥有中国近代在海外设立的唯一一所大学——里昂中法大学。1921 年 7 月成立，1950 年停办，1980 年时一度复办，2010 年再次停办。今天里昂中法大学旧址静静地矗立在富尔维耶尔山丘上，石堡城门上用汉字和法文镌刻的“中法大学”见证着历史的沧桑。

里昂旧城中心布满了中世纪的建筑和教堂，市中心的巨型白莱果广场，也被称为皇家广场，整个广场区地面全部是由红土铺成，与里昂的旧城建筑红屋顶及其他的暖色调遐迩一体，使里昂获得了“拥有一颗粉红的心脏”之城的美称。

皇家广场

忙碌了一天，晚上，我们去市区的华人餐厅用餐。这里的菜品非常丰富，卤水拼盘、香酥泰汁鸡、清蒸鲈鱼、铁板牛肉、滑熘三鲜、酥皮凤尾虾、砂锅什锦、清炒油菜、炸春卷，菜量不小，味道也可以。

用餐时正巧看到餐厅老板的三个小孩在过生日，孩子们很开心。不过只有姥姥在为他们庆祝，父母都在忙着照看生意。看到这个场景，我心里微微一酸，中国人在外谋生真的不易。

第二天由于时差我很早就醒了，也没有休息好，本打算到酒店外走走，但下着雨，只好在房间观看眼前的河流和酒店门前的车流。早餐是酒店的自助餐，餐厅环境非常好，窗外就是罗纳河及古城山丘上的老教堂。沉浸在眼前的美景中，我的头痛轻了些。坐飞机很辛苦，但是能欣赏到如此景致也算是值得的。

下午我们去了市场。市场里物品丰富，种类多样，物价也不算高，农副产品新鲜，多种原料分档出售，产品很有卖相。比如鸡肉就和别处不一样，整鸡出售鸡头带鸡毛，令人感觉好似活鸡一般新鲜。而市场人性化的地方随处可见，超市上午 10 点开门，晚上 8 点关门，周日不营业。

鱼子酱、鹅肝、松露是法国的三大珍宝，属于顶级食材。鱼子酱通常是由鲟鱼、鲑鱼、鳕鱼或其他种类的鱼卵腌制而成，但法国人对鱼子酱的界定十分“清晰”，在他们看来只有鲟鱼的鱼卵才有资格做成鱼子酱。在法国品质好的鱼子酱是低盐的，不必涂在面包上，最好是空口

酒店的自助餐

当地市场

吃，细听那鱼子在嘴里一粒一粒爆开的声音，充分感受来自齿舌的美妙体验。鹅肝是法国高档餐厅的一道名菜，质地细嫩，风味鲜美，含有油脂甘味的谷氨酸，加热时产生诱人的香味，滋补功效很好。松露的口感也很特别，好的松露生食有脆爽口感，而且有一点甜味，一般削皮后加入菜肴，皮可以泡橄榄油作松露油。

更难得的是这次我遇到了法式西餐泰斗保罗·博古斯酒店与厨艺学院名厨精心准备的晚

酒店自助餐菜品

宴，菜品有法式黑鲈酿龙虾酱、百里香顶级羔羊肉、榛子油拌菠菜配酥点等，甜点有小红莓焦糖奶油蛋糕、马鞭草冰激凌，热饮有咖啡和巧克力，令人大开眼界。这里的自助餐品种也非常丰富，让我们品尝到了真正的法国餐。

第二天，我还见识到了经典法式菜肴和甜点，松露鹅肝、牛肉卷配草菇杂碎饼、乡村风味酥软马铃薯、奶酪以及巧克力焦糖酸甜味雪糕。

这次的法国之行，我收获良多，对法国菜也有了更深刻的体会。法式菜肴广受欢迎不是没有理由的，抛开法国得天独厚的地理位置和意大利烹饪精髓的底蕴支撑，主要还在于法国创造出了自己的“艺术风格”。

饮食追求浪漫情调。幽幽烛光、悠悠乐声、精美餐具……不管高档餐厅还是一般餐厅，都经过精心设计、布置，服务非常到位，在满足人们味觉的同时，也给人带来心灵的触动，处处体现着法国人天生具有的浪漫自由情怀。

饮食极其讲究、细致。比如，吃饭时酒的类型甚至颜色、用具都非常讲究，点红肉类食品用红酒，吃鱼和海鲜用白葡萄酒；不同酒用不同酒杯，饭后还有一些精美甜点。再如法国菜十分讲究调料，调味汁多达百种以上，既讲究味道的细微差别，还考虑色泽的不同，百汁百味百色，使食用者回味无穷。

在这样具有艺术性的饮食文化中，法国主厨也都经过严格的专业训练，不仅具备一流厨师的技术，也具有艺术家的天赋和审美。

有点遗憾，国内很多人对厨师这个职业存在偏见，从厨之人大多也是为了“有口饭吃”，并没有充分认识到厨道的精髓和意境。厨艺之美，美在其味，美在其色，美在其

法式菜肴

形，美在其内涵，我们不仅要让自己成为一名合格的厨师，更是要让自己成为一名“美食艺术家”。

食材小传 松露

松露，与鹅肝、鱼子酱并列为“世界三大珍肴”，是食材中的贵族，是法国菜、意大利菜中极为珍贵的调味品。其营养价值非常高，含有非常丰富的蛋白质、氨基酸、不饱和脂肪酸、多种维生素以及铁等人体必需的微量元素，还有增强免疫力、抗衰老、抗疲劳等作用。

松露主要生长在橡树、山毛榉、榛树等树下，对生长环境非常挑剔，只要阳光、水分或者其他生长条件稍有变化就无法生长。

自然养生印迹——芬兰

人类与食物有着天然的“健康连接”，眼中所见，手中所握，每一份食材都应当滋养我们的身体和生命；就地取材，灵活创新，每一名厨师都应当享受来自大自然的恩典和馈赠。

纵观整个人类历史的演进，最初，吃饭是因为要活着，后来，吃饭更是为了活好。

于是，五谷杂粮、山珍野味、禽蛋畜肉、鱼虾海产……人类在漫长的历史发展过程中，在无数的动植物品种中筛选出营养丰富的天然食材，来滋养自己的身体和生命——似乎我们有着本能的天性，总能成功匹配食物的本性，在大自然中找到“养生”之道。

尽管不同国家都有着各自的养生文化、理念和传统，但是大多已经带有浓重的“人工”痕迹，曾经人类取材于自然、生养于自然的状态早已随着人类社会的发展，逐渐消散于历史长河中。

然而让我没想到的是，芬兰这个多岛、多湖、多森林的国家，捕鱼、打猎和采摘的生活方式至今依然存在，延续着人类最初的“养生样貌”。

2017 年 4 月，我因工作任务前往芬兰。

下了飞机后，我被安置在饭店，晚餐在饭店的餐厅解决。一进餐厅一个精致的吧台便呈现在眼前，吧台后面是明档厨房，两名厨师正在操作。出于职业习惯，我立定，静静地看了一会儿，一是想看看这里什么菜品比较受欢迎，比较有特色；二是想学习一下他们的烹饪技法。

心中有数后，抬头，眼前的美景令我惊艳，夕阳的光芒透过玻璃温柔地散落在餐厅里，

酒店美食煎焗鹿柳

芬兰驯鹿肉

窗台未化净的白雪星星点点，在夕阳的余韵中也泛着一层柔和的光芒。我急忙走出餐厅，在走廊上深深地吸了口气，眼前的美景真是令人心旷神怡。

回到餐厅，我点了一道煎焗鹿柳、一份什菜沙拉，伴着一湖结着薄冰的晶莹湖水，一片朦胧淡红的晚霞，静静享受美食和美景——在芬兰我第一次体验到了大自然美的馈赠。

更令我惊喜的是这里的食材。芬兰本国的农产品比较少，但是进口食材很多，也有自己的特色食材，纯正天然。

随后的工作中，我根据饭店的菜单选择了几样菜肴进行品尝，有烤驯鹿肉、羊肚菌煎三文鱼等，其中烤驯鹿肉口感鲜嫩、焦香，是芬兰美食的代表。我还选用了驯鹿肉和五花肉，结合中国传统烹饪技法，独创了一道“南煎鹿肉丸子”。对我来说，就地取材，走到哪儿学到哪儿是一个厨师最基本的职业素养。

酒店菜品

鲜三文鱼汤

工作之余，一个来到这里十多年的朋友带我到市区转了转，在一家餐厅他请我品尝了地道的三文鱼汤，这种鲜美的味道能深深地刻进食客的味蕾。

通过与朋友和当地工作人员的沟通、了解，以及几天来我自身的体验、感受，我对芬兰这个国家有了深刻的认识。

在芬兰，清新的空气、清澈的水源以及纯净的土壤都为食材增添了几分独特的风味，构成当地别具一格的饮食文化。很多人仍旧烘焙着黑面包，食用着从森林、湖泊、山区和岛屿间获得的天然健康食物，置身于大自然，取材于大自然，享受着“奢侈”而“复古”的生活。健康纯净的“超级食品”几乎无处不在，即便是在大城市的周边地带，每个人也都有权采摘野花、浆果、草药和菌菇，也可使用渔线和渔竿钓鱼。

而芬兰人充分利用食物的营养价值，在功能性和健康食品的开发上处于世界领先地位，芬兰更是许多营养丰富的天然食物的摇篮。比如众所周知的原生态“超级食品”蔓越莓，它是一种野生浆果，遍布芬兰的森林之中，因其富含营养，有助于呵护血管，预防血管疾病，深受全世界人民的青睐。再如特色饮品精酿啤酒、浆果酒、杜松子酒、桦树汁酒等，过去几年里，国际各界都给予这些源自大自然的独特产品高度的认可。

采摘、捕鱼、狩猎——人与自然相协而生；

天然、健康、营养——人与食物自然连接；

传承、创新、融合——传统与现代完美结合。

我不禁对芬兰生出一片向往之情，也深感这是厨道必然的发展方向。

中国作为很早就提出饮食养生理念的国家，虽然“养生之道”延绵至今，但是人口的快速膨胀、工业的发展、环境的破坏、农畜牧业的发展，“取材于大棚，生养于人工”，加之对食材的过度索取、浪费，早已令我们脱离了“自然”。当然这是人类生产力的进步，也是人类社会发展的必然阶段，只是作为一名厨师，出于对食材的讲究和对厨道的感悟，内心难免有些唏嘘。

不过，我也相信随着国家的强盛、人民生活水平的提高和环保意识的觉醒，我们一定会重获人与自然的和谐，还原人和食物自然而然、相依相成的本真状态。

食材小传 · 驯鹿肉

驯鹿肉是很好的食材，不仅鲜嫩多汁，而且脂肪含量极低，营养价值比牛肉、羊肉、猪肉都高，以高蛋白、低脂肪、易消化、营养丰富、味道鲜美而著称，同时因具有提高人体代谢强度和增强人体抵抗力的功能，一直深受人们的喜爱。

从厨格心

厨艺赢人，厨德服人

厨艺是厨师立足的关键，一名优秀的厨师也必然有着精湛的厨艺。

厨艺从何而来？从“0”而来，从最基本、最基础的做起，一步一个脚印，有一股永不知足的钻劲儿，这种钻劲儿不会因为你出名了、成功了而消散，是需要一辈子学习、一辈子取长补短、一辈子融会创新的。

“艺”也体现在因地制宜、融会贯通上，厨师根据各地不同的物产、信仰、口味、烹饪技法等，让食材经过自己的双手变成一道道充满创意、充满活力的美味佳肴。当食客细细品味食物时，便可以感受到食物在口腔中尽情绽放的过程，感受到厨师的匠心和满满的诚意（这种充分考虑当地食材与烹饪技巧的做法，也是创新菜肴最为简单的一种做法）。

厨德是厨师的立身之本，一名优秀的厨师也必然有着良好的厨德。

厨德从何而来？从本职而来，在杂工、打合、配菜、站炉等不怕脏、不怕累、不急于求成的工作中经过长期磨炼，获得一份坚韧的心性；然后历经名利的考验，始终谦虚、好学、纯粹，不失本心，经得起风，容得下雨。

“德”也体现在和而不同，明悟人类饮食文化发展的深层次共性，同时了解、尊重不同地区的饮食文化习惯。

学艺之道，以多做为师；修德之道，则以多看多思为师。没有人能够不做不练而徒手成“艺”，也没有人不察不思而妄想成“德”。

第二篇

至味调“和”
——美于色、形、味、趣

赏心悦目——色，姿态万千——形，
甘旨肥浓——味，奇情异致——趣，
从“食”，到“美食”，
感官审美贯穿整个人类历史。

甘、美、善，是人类“饮食美”思想的萌芽；五味调和，是人类对美食“和谐美”的探求。

人类追求的美食是色、形、味、趣的有机统一，对美食的感知，每一个感官都被委以任务，可以说饮食就是一次感官系统协同运作的过程。

美从眼入——人类获得的80%以上的外界信息是经视觉获得的，悦目娱心的食物色彩，富于艺术性和美感的食物造型，是美食的重要标志。发挥原料自然美，色泽、造型、浓淡等方面的合理搭配，也是检验烹调技艺的重要指标。

味至口知——饱口福、能激起食欲的滋味，强调食材自然质味之美与五味调和的复合美味，在这两个宗旨的引导下，“千个师傅千个法”“一菜一格”“百菜百味”“适口为珍”……人类饮食文化大放异彩。

境由心生——独特的历史、陶情怡性的宴饮方式……饮食是一种能被人类内心感知、捕捉的情趣体验，这种体验从身体到心灵，让饮食达到高级审美层次——审美愉悦和精神享受。

美从眼入，味至口知，境由心生，人类饮食最终达到饮食之美的最佳境界——“和”。

第四章

色，“和颜悦色”美食之“眼”

色彩的感觉是一般美感中最大众化的形式。

——马克思

色彩是能引起我们共同审美愉悦的、最为敏感的形式要素。而人类对美食的颜色有着本质的相同感受，我们既欣赏原料色彩的天然之美，也享受着各种不同原料互相搭配的复合之美。于是，食材本色运用、配色“五字诀”、基本搭配原理……成了每一位厨师首先要掌握的基本技巧。

“哺啜之人”的五色饭——尼日利亚

“吃饱”与“吃好”代表了两种完全不同的食物色调，一名优秀的厨师需要调配的是“吃好”的颜色，而不是“吃饱”的颜色。

早在一千多年前，聪明的中国人就发现了食物色彩与人体健康之间的奇妙联系。中医养生理论早已指出，我们日常生活中熟知的五种颜色（绿、红、黄、白、黑）与人体的五脏（肝、心、脾、肺、肾）有着相对应的关系。《黄帝内经》则更进一步说明了五色与五脏的对应关系：绿色食物养肝，红色食物养心，黄色食物养脾，白色食物养肺，黑色食物养肾，并推出了一整套主要以五谷、瓜果、蔬菜为原料，以调理五脏为目的的天然健康食品。

历经千年沉淀的中国传统“五色”理论，具有深厚的文化底蕴和独特的色彩调和体系。中国人也从“哺啜之人”变为“养生之人”，五色理论被越来越多的人重视、遵循，菜肴制作也

酒店的菜肴

更为精美、健康。

在非洲，虽然很多人的饮食还停留在“哺啜”阶段，但你会遇见人类对食物色彩最为天然、质朴的搭配和运用。

2006年4月，我赶赴尼日利首都亚阿布贾。一下飞机，我马上钻进厨房。

虽然在尼日利亚的工作时间很紧张，但是在与当地厨师的短暂相处和对他们烹饪菜品手法的“见证”中，我对尼日利亚的饮食文化还是有了一些了解。

尼日利亚是棕榈油生产大国。芭蕉、木薯是这里食物的重要组成部分。尼日利亚还是一个部族多元化的国家，大小部族共有两百多个，当地民族风味食品按照烹调用料不同，大致分为南北两大系：南方属潮湿多雨的热带雨林区，盛产薯类、香蕉、柑橘、菠萝，主食是一种类似于玉米面的木薯粉，配上牛肉、鱼、菜叶煮的汤，用手搓一团木薯粉蘸着汤吃；北方为热带草原，主要粮食作物有黍子、高粱，其次是豆类、玉米和稻米。而这些主食大多有一个共同的特点，用他们自己的话说比较“硬”，吃过能明显感觉到胃里沉甸甸的，吃一顿能管很长时间。烤肉在当地叫苏亚，肉先用酱料和香料腌制，然后用炭火烤，再配上西红柿、洋葱、辣椒碎等，是人人喜爱的一道美食，再配上啤酒，更是人们休闲时的好选择。

我听说在当地最受欢迎的是“五色饭”，当时脑中立马浮现的是我国布依族、壮族地区色彩分明、艳丽的传统风味小吃，或如中国“五色入五脏理论”般讲究养生功效的特色食疗菜肴，然而了解后才发现这个“五色饭”是玉米面（黄色）、木薯面（浅黄色）、豆类面（咖啡色）、蔬菜（绿色）、西红柿（红色）等混合在一起烧制而成的糕状或糊状食物。知道“真相”的我一方面惊叹于他们质朴甚至略带原始的饮食智慧，另一方面也感慨着非洲饮食文化的相对滞后。（只有少数人才会去超市购买进口的食材，提升生活的品质，享受生活。）

也许在远古时代，生产力水平低，人类对食物的认知及烹饪器皿、烹饪技术有限，食物以“混合式”煮、炖、烧的烹饪方式为主，无所谓颜色，不讲究造型，但是历经千年发展，人类的足迹到了哪里，哪里便盛开美食的花朵，全世界饮食文化向着更为精细化的方向发展，绚丽多彩。只是在非洲，在吃饱和卫生都无法保证的情况下，这朵饮食之花开得并不艳丽，令人深深地痛惜、遗憾。

今天，饮食文化更会是一国国力、国情的直接体现，每一个富裕的国家无不是食材丰富，国民健康、幸福，饮食文化源远流长，并在全球化浪潮中体现着国际影响力。思至此，我不禁深刻地认识到：作为一名优秀的中国厨师，不仅要让传统饮食文化像岩洞中的古老壁画一般，不会随着流年辗转而消亡，更要融合现代艺术手法，丰富壁画的内容和内涵，令其更为绚丽多彩，展现出一个大国该有的风范。

食物的颜色与其营养、功效的关系

食物的颜色是其营养和功效的外在表现，天然食物的功效和营养价值与它们的颜色相关，通常黑>紫>绿>红>黄>白。

黑色食物，如黑米、黑麦、黑豆、黑木耳、香菇、海带、栗子、龙眼、松子、乌鸡、海参等，因本身的颜色较深，所以在自然界中吸收的营养素也更多，含有多种氨基酸及锌、硒、钼等十余种微量元素、维生素和亚油酸等营养素，具有良好的保健作用，其中黑色素能有效清除自由基，延缓衰老。

紫色食物，如蓝莓、紫甘蓝、紫菜、紫薯、紫葡萄、茄子及海藻类海洋食品等，与其他颜色的食物相比较，紫色食物中有较多的花青素，其抗氧化性极强，对于消除体内自由基有非常好的帮助。另外，食用紫色的食物，对于降血压、保护肝脏、抗病毒也有较好的作用。

绿色食物，如菠菜、鳄梨、花椰菜、芦笋、卷心菜、猕猴桃、绿茶等，绿色蔬菜中含有丰富的碱和纤维素，可以增强肠胃蠕动，帮助肝脏排毒，被称为“清道夫”。另外，绿色食物中维生素 C 和钙的含量较高，特别是经常面对电脑和长期吸烟的人可以多吃绿色食物。

红色食物，如枸杞、樱桃、西红柿、山楂、红枣、牛肉、羊肉等，含有丰富的类胡萝卜素和维生素 A，能够预防前列腺癌的发生，降低血液中的胆固醇，从而有效降低心脑血管疾病的发生率。

黄色食物，如小米、南瓜、玉米、土豆、杧果、花生、黄豆、橙子、香蕉等，维生素 A 和 D 含量较高，其中维生素 A 能够保护呼吸道、肠道黏膜，减少胃炎等疾病的发生，维生素 D 可以促进钙、磷等吸收，强健骨骼。

白色食物，如大米、面粉、茭白、冬瓜、竹笋、白萝卜、大蒜、豆腐、牛奶、鸡肉、鱼肉等，含有丰富的蛋白质等十多种营养素，消化吸收后可维持生命和运动，但缺少人体所必需的氨基酸。

虽然今天我们的食品来源比较丰富，但是只有真正了解食物的营养特点，并掌握一定的营养补充技巧，才能获得食物补益的理想效果。

蓝天碧海“就地取材”——希腊

一名厨师不能保证食材之鲜，用不好食材本色，在创作时，便很大程度上失去了打动人的先机。

“绿蚁新醅酒，红泥小火炉”，美食是一场色彩之间的温情酝酿；“织手搓来玉色匀，碧油煎出嫩黄深”，美食是一场色彩之间的艺术创作；“鲜鲫银丝脍，香芹碧涧羹”，美食是一场色彩之间的艺术调和……

而中国人又是如何去赞美一道菜肴的呢？“色香味俱全。”中国人的饮食以感官为基础，是一种体验式、感受式的饮食，这种饮食不仅满足了中国人最重要的本能的自然追求，也给食者带来一种充实的、无尽的快乐。而“色”排在第一位，因为最先决定菜肴好不好吃的，不是舌头，而是眼睛。美观的菜肴更会令人垂涎三尺，胃口大开。因此中国厨师并不仅仅将菜肴当成菜肴，而且当作艺术品去创作，用含蓄丰富的色彩、写实饱满的形态建构人们的美食世界。

在西方，人们更倾向于一种功利式、科学式的饮食，注重食材的新鲜和营养，金黄的油炸食品，配上鲜红的甜酱或辣酱；焦黄的比萨饼皮点缀上果蔬，再配以棕木色托盘；一盘法式牛排，一边放牛排，一边放炸土豆，旁边配煮青豆，加几片红番茄……食材本色的艳丽搭配，优美的就餐环境，给用餐的人带来一番别样的视觉享受。希腊便以食材本色、当地美景为底色，其饮食拥有着独特的爱琴海式风情。

2008 年 11 月，因有工作任务，我有幸来到了希腊。

也许一说到希腊，很多人的第一印象便是圣托里尼岛的“蓝白魔力”。蓝，蓝得鲜明彻底；白，白得纤尘不染。但是对于我来说，来到西方文明之源的希腊可能是一次探寻西方烹饪之源的极好机遇。

到了希腊首都雅典，前两天都在忙工作，第三天下午，我们去了当地市场。果然如我预想的那般，市场食材很丰富，肉类分档加工，鱼类以海鲈鱼、三文鱼为主，蔬菜、水果品种很多，价格也不贵，非常新鲜。

从市场回来，我们去了酒店，在参观套房时，一进门就看到了门厅的桌子上摆放着一枝金色的橄榄枝。

橄榄枝是和平的象征，《圣经》中曾用它作为大地复苏的标志。而在希腊神话中，有女神雅典娜和海神波塞冬竞争雅典保护神的故事，波塞冬带给雅典的是一匹战马，雅典娜则给了雅典一棵橄榄树。在人们心目中，战马预示着战争，橄榄树象征着和平与富裕。于是人们将雅典娜称为和平和智慧女神，而和平是大家共同的美好愿望，橄榄枝也成了这种美好期望的寄托。

随后，在酒店阳台上，我第一次邂逅了雅典的独特之美。

古往今来，希腊文化注定是美丽而传奇的。历史上，希腊是西方文明的发源地，民主制度、司法体制、哲学、科学、文学、艺术源远流长，对世界历史具有极大的影响力。今天沧海桑田，在雅典这座古城，帕特农神庙酒店对面的帕特农神庙孤零零地坐落在石灰岩的山冈上，

酒店对面的帕特农神庙

四周遍布低矮的建筑，没有欧洲城市那种教堂和钟塔，一切以一种静谧，甚至有些许破败的语言静静诉说着这里的文化积淀，整个城市透着一种残缺的古典美，令人心里莫名地升起一种苍凉、雄浑的悲壮感。

接下来几天，我基本都在厨房忙碌，细心准备各餐。待工作结束，我才有时间领略这里的美食文化。

在希腊这片紧靠爱琴海的土地上，有着坍塌的梁柱、雕像以及古老寺庙废墟，历史遗迹散落在各个角落，彰显着千年文化积淀，而古希腊的文化精神已经嵌入当今蓝天碧海的希腊灵魂中。希腊的饮食文化便以这片土地的风情和历史积淀为基础（早在公元前 8 世纪以前《伊利亚特》和《奥德赛》就有一些有关古希腊饮食的信息），以浓郁的地中海风情和芳香，承载着古老文化的统一性，在主食、烹调方法尤其是正餐格局方面直接影响着西方许多国家。如今天西式正餐格局大多是开胃菜、汤、主菜和甜点，其“蓝本”就是古希腊的正餐和宴会格局。

而烹饪上，希腊有四个秘诀：优质的新鲜食材，调味料，橄榄油和简单的烹饪方式。在我看来这四个秘诀概括起来就是“就地取材”，这都是基于食材的新鲜本色和搭配。

希腊气候温和，蔬菜大多都是自然生长，这样便保持了蔬菜原始的香气和味道。如果你品尝过希腊的番茄、胡萝卜、卷心菜、洋葱、欧芹等，你会感觉别有一番滋味。希腊的蔬菜与当地自由放养的山羊、绵羊等优质肉源相碰撞，加上海产品，再用产自当地的健康、天然的橄榄油进行一番调和，最后配以从山野中采集的香料，置身于或优美或质朴，有着浓郁人文气息的环境之中细细品味，入眼、入口、入心皆是自然之色、自然之美、自然之境。而这种“天然”简直是赋予了一名厨师梦寐以求的“创作条件”。

因此，作为一名厨师，我们要明白：食物的视觉之美，一定是基于原材料的自然本色，好的厨师也一定是在原材料的本色之上进行组配、润泽、点缀、调配，设计色彩方案，然后营造美的环境，让美食、美景（美的环境）相得益彰。

酒店的一道菜品

古希腊正餐格局的影响力

在古希腊，正餐与宴会通常采用大致相同的组合方式：

开始时先上一篮子烤面包，然后是第一道菜，由各种开胃食物和调料组成，与面包一起供享用。

第二道由海产品和蔬菜水果组成，仍然伴有面包。

第三道为主菜，由鱼类、家禽家畜或其他肉类组成，并配以酒水。

第四道是餐后甜点，多由蛋糕、奶酪和干鲜果品组成。

在这个正餐格局中，最初的两道都少不了面包，第三道则少不了酒水，而且酒是主菜和餐后甜点之间的最佳选择，也是餐后甜点和饭后闲谈及娱乐活动中的必备之物。

随着时代的发展和古希腊文化的广泛传播，上述的正餐与宴会格局也得到广泛流传，几乎成为后世所有西餐风味流派的正餐与宴会格局的蓝本。时至今日，大多西式正餐格局仍然是开胃菜、汤、主菜和甜点等，只是其组合方式有所不同。[①]

---

① 希腊饮食文化 [EB/OL]. (2018-10-13)[2020-10-31]. https://wenku.baidu.com/view/98bd085abb1aa8114431b90d6c85ec3a87c28bee.html?fr=income1-wk_app_search_ctr-search.

相融相承的缤纷美感——新加坡

真正的厨道应该在满足人们健康、安全、营养需求的基础上，用厨艺将美食变得更有艺术性，从而便于饮食文化更好地创造与传承。

自然界的植物受阳光雨露的滋润生长，为人类提供了食物，也让人类在日常生活中深入认识了颜色，并对人自身的思维产生作用，使得人们对不同的食物颜色产生不同的感觉。

可以说颜色对一个厨师来说至关重要：

颜色直接影响人们对食品品质和新鲜度的判断；

赏心悦目的颜色会给人带来美好的视觉享受，增强食欲。

而在新加坡，入眼的食物皆是美好的颜色，令人食指大动。

2009 年 11 月，我因工作前往新加坡。

水果巧克力瀑布塔

新加坡，也称“狮城”，还有人称它“星洲”“星岛”，位于马来半岛南端，是连接印度洋和太平洋的海上通道，是欧洲、非洲向东航行到东南亚、东亚各港及大洋洲最短航线的必经之路。优越的地理位置，让各地食材汇集于此，市场繁华，进口物品应有尽有，特别是水果，不仅品种丰富，且基本都是树熟，品质和口感都非常好。

新加坡人主要由近一百多年来从欧亚地区迁移而来的移民及其后裔组成，主要的居民是华人、马来人、印度人。其中，华人占了人口的一大部分，可以说新加坡是华裔最多的国家，华人的社会地位也比较高。漫步在新加坡街头，似曾相识的面孔看上去十分亲切。虽然大部分新加坡华人不会说自己是中国人，但是也都不觉得中国人是外国人。他们的祖先大多来自中国南方，以福建省、广东省和海南省居多，其中四成是闽南人，对他们来说，到了闽南就是“回家”了。这种“种族血缘”的紧密相连，让每一个来到这里的中国人都倍感亲切。

我们还抽空参观了植物园，重点逛了新加坡国立胡姬花园。所谓的胡姬花就是东南亚人民常说的兰花，它在新加坡还有一个很好听的名字——卓锦·万代兰，是新加坡的国花。花园内有各种珍稀名贵的兰花品种，或大或小，千姿百态，色彩缤纷，让人流连忘返。花园工作人员还将胡姬花风干、镀金、上蜡制成干花，使其成为新加坡一大特色旅游产品。

等我们从花园出来，突然下起了大雨（新加坡属于海洋气候，下午经常有阵雨），我一边欣赏雨景，一边在心里默默感慨着对新加坡的初印象：丰富新鲜的食材，亲切的面容，干净的城区，缤纷的花朵，物美、人美、景美，处于这样优越的条件下，食物自然也要美。于是接下来的时间，我便一门心思地在厨房工作，力求做出最美的食物，这样才能与这个国家的美相得益彰。

在新加坡国立胡姬花园留念

四品小菜拼盘

酒店的早餐菜品之一

工作结束后，我们找机会饱餐了一顿，菜肴美味可口。随后我们去了芽笼榴梿街，品尝榴梿、山竹等。在新加坡流传着“榴梿落，纱笼脱”的说法，意思是为了吃榴梿，当掉身上的衣物也在所不惜。新加坡人对榴梿的热爱可见一斑。要想吃到最好的榴梿，你可以到新加坡。虽然当地早已经不产榴梿，但由于新加坡人的消费能力强，所以马来西亚最佳品质的榴梿也都出口到了这里。这里的榴梿都是树熟的，榴梿肉金灿灿的很甜很糯，令人完全没有抵抗力。我还乘坐高空观览车观市容，F1 车道、榴梿壳歌剧院、鱼尾狮公园……新加坡城一览无余，尽收眼底。

其实，在这之前，酒店的大厨已经请我们品尝了新加坡的美味菜肴，并向我们介绍了新加坡的饮食文化。

新加坡是移民国家，来自中国、印度、马来西亚等国家的饮食文化在这里交融碰撞，其菜品琳琅满目，各显所长，共同形成了新加坡丰富的历史和多元的文化。置身其中，便仿佛进入了一个多姿多彩的美食世界。

沙嗲是来自马来西亚的美食，肉串经炭火烧烤后蘸上精心调制的橘黄色沙嗲酱汁，色泽诱人，香味四溢，令人垂涎。

印度菜品原本色彩浓郁、味道香辣，经新加坡本地化改造，变得辛辣香浓、鲜嫩美味，呈现出别样风味。

中式美食从简单明艳的叉烧面，到乳白香甜的田鸡粥，又或是烤制金黄的脆皮乳猪……令人食欲大增。

娘惹菜，地道的新加坡美食，它是传统中国菜与马来西亚香料的完美结合，融合了甜酸、辛香、微辣等多种风味，色泽艳丽，口味浓重，是当地最特别、最精致的传统佳肴之一。

新加坡有如此多元的饮食文化，在这里你可以充分领略菜品色彩搭配的“五字诀”——本、加、配、缀、润：

“本”，充分利用原材料天然的色与形。如鸡饭，白斩鸡配鸡汤饭，色调统一，入目清爽，这是烹调中应用最广泛的配色方法。

“加”，在烹调中对一些本身色泽不太鲜艳的原料，通过适当的佐料使菜肴的色彩鲜明，如将烤熟的肉串蘸上一层厚厚的沙嗲酱，不仅味美而且具有艳丽色泽，香味诱人。

“配”，将几种不同色泽的原料调配在同一菜肴中，令其互相衬托增色。如椰浆饭，用椰浆烹煮米饭，再配以坚果、炸鱼、黄瓜、鸡蛋，或炸鸡腿、咖喱蔬菜、午餐肉，加以佐餐的辣椒调味，红黄绿白的色彩搭配令整道美食鲜明、生动。

“缀”，就是点缀和围边，既可以美化菜肴，又省时省力，是比较实用的装饰方法。如一碗雪白的田鸡粥，撒上点青绿的葱花，一白一青明艳夺目。

“润”，一是在菜品上增加适量的调料润色，令色彩更加艳丽，如给鸡饭中的白斩鸡涂上芝

酒店菜品之一

麻油，娘惹菜需调配各种不同的香料，色泽更为鲜亮；二是以盛器润色菜肴（中国烹饪历来讲究美食美器），一道精美的菜品，如能盛放在与之相得益彰的盛器内，则更能展现出菜品的色香味形趣来。

“厨海无涯”，看得越多，品得越多，越是觉得人类的饮食文化博大精深，怎么都看不够，学不够。

色彩对人思维的作用

颜色	色彩联想	象征意义	运用效果
红	果实、鲜花、热烈、甘美、成熟	胜利、血、火	兴奋、刺激
橙	甜美、芳香、愉悦、活跃、健康	美食、太阳、火	欢快、朝气蓬勃
黄	丰收、欢快、光明、希望	阳光、黄金、收获	华丽、富丽堂皇
绿	新鲜、安全、宁静、舒适、青春	春天、健康、和平	友善、舒适
蓝	清爽、开朗、深邃、智慧、忧郁	海洋、天空、信念	冷静、智慧、深邃
紫	温柔、高贵、豪华、悲哀、神秘	忏悔、阴柔	神秘、纤弱
白	冰雪、洁净、清晰、纯洁、透明	贞洁、光明	纯洁、清爽
黑	成熟、安宁、庄重、压抑、悲伤	夜、高雅、稳重	高贵、典雅、深沉

食物颜色与人类感觉①

颜色	感官印象	颜色	感官印象	颜色	感官印象
白色	营养、清爽、卫生、柔和	深褐色	难吃、硬	暗黄色	不新鲜、难吃
灰色	难吃、脏	橙色	滋养、味浓、美味	淡绿色	清爽、清凉
粉红色	甜、柔和	暗橙色	陈旧、硬	黄绿色	清爽、新鲜
红色	甜、滋养、新鲜、味浓	奶油色	甜、滋养、爽口、美味	暗黄绿色	不洁
紫红色	浓烈、甜	黄色	滋养、美味	绿色	新鲜、健康

① 宋丽军. 食品的颜色与营养[EB/OL]. (2019-02-21) [2020-10-31]. https://www.docin.com/p-2175348452.html.

流水不腐，看得见的“鲜色”——澳大利亚

什么是厨师之色？“好而不重”，不会为了一味地追求艳丽好看的色彩而加入一些色素，而是会通过自然界的天然原料将这些菜肴调和搭配，简单、美观、健康。

虽然菜肴的颜色是每一名厨师共同的艺术追求，颜色搭配是其必备的审美基本功，但由于东西方饮食文化的不同，厨师对菜肴的配色也有着一些观念和手法上的区别。

比如新加坡，位于亚洲，深受亚洲饮食文化影响，菜品丰富，能够充分体现菜肴配色“五字诀”的妙用。而澳大利亚虽然也是移民国家，但是更多地受西方饮食文化影响，色泽搭配上比较注重食材本色，以及自然的原材料汤汁的简单调和，显得更为质朴、明快和健康。

2014 年 11 月，我因工作从北京直飞悉尼，再转机飞往澳大利亚首都堪培拉。

堪培拉是澳大利亚的政治中心，却不像悉尼、墨尔本那般高楼林立、喧哗热闹。这里静悄悄的，大多数景观都集中在中轴线上，中国大使馆是地标性建筑之一，颇具知名度，国内来堪培拉旅游的人基本都会到这里一游，拍照留念。

中国驻澳大利亚大使馆

在堪培拉，我们去了当地市场。市场里食材品种齐全，海产品非常丰富，牛肉、羊肉等都很新鲜，水果品种多样，几乎都是自产自销，很少依赖进口，其中最有特色的算

澳洲海鲜市场

格里森湖边公园里的袋鼠

是澳洲龙虾和袋鼠肉。袋鼠是澳大利亚的国宝，随处可见，并不怕人，在当地受政府保护，只能在捕杀期有限地捕杀，袋鼠肉的价格比牛肉、羊肉高出两倍以上。我还品尝了做熟的袋鼠肉，口感一般，有一些异味，需要在加工烹饪时用些方法处理下。

通过对市场的了解，我将菜单进行了调整，并开始准备。接下来两天，忙完工作，我品尝了当地的特色菜肴及澳洲红酒，对这里的美食有了进一步了解。

澳大利亚的饮食文化给我的感觉是“年轻”、多元。澳大利亚本身是移民国家，曾是英国殖民地，传统的澳洲饮食受到英国、意大利、希腊等国饮食的影响。发现金矿后，世界各地的人们纷纷赶来，中餐馆、越南餐馆、泰国餐馆、马来西亚餐馆、印度餐馆、日本餐馆等应运而生。其中中餐馆占主导地位，你可以在澳大利亚任何一个小城镇看到中式餐厅，大城市里的唐人街、中餐馆更是鳞次栉比，许多澳洲居民也都喜欢在周末约上朋友、家人一起去中餐馆享用世界级的美食。

在慢慢消化了各个国家的饮食文化后，当地人学会了各种烹调技术，并在饮食上有着创新意识，能够将丰富的物产尽其所用。比如烧烤，除了牛羊肉、鱼肉，还有鳄鱼肉、袋鼠肉、牡蛎……澳大利亚的“食性”简直和它的经济一样发达。不过人们在饮食上的支出比例很低，同时

超市肉类之一

酒店自助餐西点

注重菜品的品质，讲究菜肴的色彩。

当然，吸引我的除了新鲜的食材和美食，还有澳大利亚对食品的严格管控。虽然澳大利亚人喜欢看起来色彩缤纷的食品，但是各大洲大多明令禁止使用人造色素制作食品，禁止出售新鲜的转基因食物，凡是有机食品不允许使用转基因材料，禁止出售含有溴酸钾的面粉……对于澳大利亚人来说，也没有任何复杂的调味品，调味品都是简单而基本的盐、胡椒、洋葱等，他们对“尝起来很自然”的食物有强烈的偏好。所以，在这里你可以看到以食材为基本色的天然搭配原则——通过辅料衬托或突出主料，其形成的色泽可以分为顺色、花色：

顺色，主、辅料颜色形同或相近。如香肠卷，焦黄的香肠搭配烤土豆，整道菜肴色泽金黄，令人食欲大开。

花色，多种不同的辅料与主料搭配。如澳洲汉堡和糖粉吐司，澳洲汉堡配料丰富，有牛肉饼、奶酪、番茄、生菜、烤洋葱、菠萝、煎蛋、培根等，五颜六色，层级鲜明；童话般的糖粉吐司面包涂上黄油再撒上七彩糖，色彩明艳，令人难忘。

其实，还有一种情况——异色，主料、辅料色彩相反。异色搭配要十分讲究，因为搭配不好容易令人产生厌烦，极其考验厨师的审美和搭配技巧，因此使用的比较少。

在澳大利亚，从食材的准备，到食材的选择，再到菜肴的制作，我最大的感受便是“民以食为天，食以安为先”。作为一名厨师，颜色对一道菜品来说固然重要，但是我们不能本末倒置，再美的食物也需要以健康、营养作为基础，这是一名合格厨师最基本的职业底线和操守。

第五章

形，千形万态美食之“骨”

我一方面细心地模仿自然，另一方面我从不丧失自己的感受，现实的事物仅仅是艺术的一部分，而只有感性才能使它完整。只有你真的感动了，你才有可能把这种感动传给别人。

——法国画家柯罗

一道菜要品味两遍，第一次用眼睛，第二次用嘴巴。用眼睛“品尝”时，菜肴与绘画一般，厨师要如艺术家一般用心进行艺术创作，从入眼的色调开始，以点、线、面的形式塑造各类形状，包括器皿内的摆放设计，从美学角度赋予食物更多的延展空间，从而使食品化身艺术品，给人以美的享受。

古朴奔放，马背之上的“大盘主义”——哈萨克斯坦

饮食时尚不是要求烹饪工序一定要多复杂，也不是要求烹饪技法一定要紧随潮流，很多时候返璞归真更是一种经典之美。

千百年来，游牧民族逐水草而居，过着骑马放牧的生活，放牧对其而言就像中原地区农民种地一样。独特的生产和生活方式决定了他们具有独特的饮食文化，并通过食物这一物质载体与舞蹈、绘画、诗歌相融合，不仅使其创造出独特的艺术，还能用艺术的形式来表现独特的生活。

于是，王安石在《北客置酒》中说：“紫衣操鼎置客前，巾韝稻饭随粱饘。引刀取肉割啖客，银盘擘臑槁与鲜。殷勤勤侑邀一饱，卷牲归馆觞更传。山蔬野果杂饴蜜，獾脯豕腊如炰煎。”梅尧臣在《送刁景纯学士使北》云：“朝供酪粥冰生碗，夜卧氊庐月照沙。”赵秉文在《解朝酲赋》中说：“牛鱼之醢，鹿尾之浆，海东头鹅，安西尾羊。”……游牧民族的饮食文化在中国历史上留下了浓墨重彩的一笔，也极大地丰富了中国饮食文化的内容和内涵。

而哈萨克斯坦作为中国的邻居，其饮食文化拥有着典型的游牧民族特点，并具有古朴奔放的艺术魅力。

2011 年 6 月，我乘飞机到达哈萨克斯坦首都阿斯塔纳。

作为世界上国土面积排名第九位的国家，哈萨克斯坦虽然有着悠久的历史，但直到 1991 年才正式独立。在 1997 年年底，哈萨克斯坦宣布将首都从阿拉木图迁往阿斯塔纳。因此阿斯塔纳是一个非常年轻的首都，也是一个充分吸收当今人类建筑风格，有着后现代感的城市。

随后我们去了当地市场。阿斯塔纳的市场被称为“大帐篷”，这里和中亚一带国家的市场

酒店专用厨房

基本相同，蔬菜少，主要有黄瓜、西红柿、洋葱、卷心菜等，海鲜也不怎么新鲜，市场中卖的多是肉类。这里的市场有个非常独特的现象，卖东西的基本都是妇女，男人很少，这可能和其国情有很大关系。第二次世界大战结束后，哈萨克斯坦男女比例失调，加上历史宗教原因，妇女社会地位普遍不高，工资待遇也比较低。

阿斯塔纳市场

这次到访，让我对哈萨克斯坦的饮食文化有了一些了解。哈萨克斯坦人日常饮食以肉食为主，以面食为辅，这或许与过去风餐露宿、居无定所的游牧生活有关，能量消耗大，吃肉是很好的能量补充方式。

2017 年 6 月，我再次因工作前往哈萨克斯坦，并在飞机上有幸参加了北京直飞阿斯塔纳航线的首航仪式，与同机的其他乘客在签名榜上留下了自己的名字，共同见证了这历史性的一刻。到达阿斯塔纳时，飞机从两辆消防车喷水形成的一个“水门”中滑行过去，寓意接风洗尘。中哈通航是“一带一路”的成果，为中哈两国旅客往来提供了更多的出行选择，也以更

飞机上的首航仪式

为完善的国内外航线网络，构建起了一条“空中丝绸之路”。

因世博会这次我与朋友得以在异国他乡相聚。他们这次从国内来，是为了承接阿斯塔纳世博会中国馆的餐饮美食制作，会期三个月。

得知我到达阿斯塔纳，第二天他们便来看我。晚上我们一起去了“华人公主”饭店聚餐。这家餐厅在当地经营得很好，环境幽雅、菜肴味佳，颇受中哈客人的欢迎。餐厅员工有一些是新疆的哈萨克族人，因为是同一个民族，他们到哈萨克斯坦的工作签证也更容易办理。

接下来我便开始认真准备工作所需餐食，闲暇之余，我们去参观了世博会。午餐时，在中国美食馆我的朋友招待了一行人，菜肴色、香、味俱全，令大家赞不绝口。大家对中国菜肴也颇有一种“天下谁人不识君”的自豪。而对我来说，能够参观世博会，在异国他乡品尝中国美食，而且还是朋友承办的，内心有着莫名的骄傲和激动。

“我有无际河山，未来大道通畅……”哈萨克斯坦国歌中这样唱道。这是世界上最大的内陆国家，也是我们的邻居。地缘的优势，朋友的相聚，愉快的工作经历，都给我留下了难忘的回忆。

阿斯塔纳世博会

中餐馆午餐菜肴

餐馆留念

通过两次到访，我对哈萨克斯坦饮食文化最直观的感受是：哈萨克斯坦美食是“满”而“足”的“大盘主义”，令人流连忘返。

哈萨克斯坦国名来自其主体民族哈萨克族，哈萨克族被誉为“马背上的民族”，因此哈萨克斯坦饮食文化有着浓厚的游牧民族饮食特点。哈萨克斯坦传统食品是羊肉、羊奶及其制品，最常见的菜肴是手抓羊肉。这一点和我国的新疆比较相似。哈萨克斯坦人爱马，但并不忌讳吃马肉。每到夏天，空气中便飘着烤马肉的香味，最有特色的是马肠。当地流传着一种非常诙谐的说法“世上最爱吃马肉的是狼，其次就是哈萨克斯坦人”。

而当地美食有一个共同的特点——霸气，这来源于食器满盘的实在质感与洒脱奔放的外形。手抓羊肉、烤馕、马肠等大多用大盘整齐摆放，碗中的马奶酒也必然要斟得满满的，没有过多的装饰，没有刻意的雕琢，一切浑然天成，加之哈萨克斯坦人热情好客、善良朴实，仿佛穿越时空般凸显着游牧民族特有的豪爽和质朴。

现如今，国内一方面各式创新食品小店人头攒动，造型各异的休闲食品琳琅满目，人们追求着视觉和味蕾的双重刺激，另一方面满大街都贴着“古早味”的标签，提倡奉上各地原原本本的食味。在我看来，新奇也罢，传统也罢，最重要的是保持本心，既有对传统的继承和发展，又有自己的创新和创意，而这种人类特有的厨道精神同样也来自流传已久、已融入人类基因中的饮食智慧。

技法小结 马肠

马肠是哈萨克斯坦最有特色的菜肴，做法是将马的肋条肉加入盐、洋葱、姜、蒜泥等调味之后灌入马肠中，两端扎紧，挂在外面风干几天，最后煮熟便可食用。

酱缸文化，青出于蓝胜于蓝——韩国

任何一个国家的饮食文化，都会有人类共同的创作智慧，任何一道菜品，也都有能够让厨师发挥的艺术空间，关键在于其厨艺是否扎实，且是否具备创新精神。

一只只或大或小或黑或白的陶罐，盛满原材料，撒一把雪白的细盐或粗盐，看着一个个小气泡微微冒起、破裂，静静守护发酵而成的美味，然后分发至小瓷碗中，或蘸或浇，守着时光静静品味酱缸之中传递出来的别样的质朴风味——这就是“酱”的魅力！

中国很早掌握了发酵技术，今天，酱在中国人的饮食中有多种“表情”，在美食造型中也担任着润色、点缀的作用：一盘鲜绿的大葱搭配一小碗咸香的大酱，吃的是北方人在饮食上的质朴和豪爽；精致小碗，盛一些鲜香炸酱，吃的是平凡中的精细；一盘香浓润滑的柱侯鸭，酱料入味，酱料润色，精细摆盘，吃的是华南人在饮食上的巧思……

而作为中国的近邻，韩国深受中国饮食文化影响，更是将这种“酱缸文化”发扬光大，由酱缸之中制作出来的种类繁多的酱类和腌制的小菜，是餐桌上最重要的食品辅料，其中泡菜更是走向世界，正在征服世界食客的口味。韩餐精美的摆盘技巧，更是让在视觉上不好满足美学需求的酱品，尽显错落有致、灵韵生动。

2010 年 11 月，我因工作任务飞往韩国。出机场，在去往市区的路上，经过一个大市场，我们停下车，顺道逛了一下。市场规模不大，主要经营各种海鲜、蔬菜和一些本地的食材，其中最夺人眼球的便是卖韩国酱料的摊子，鲜红的酱料和腌制的小菜，整盆或整缸地摆放在台子上，扑面而来一股浓郁的辣酱味，让人可以很直观地感受到韩国饮食的凉辣特色，这也是当地市场的一大特色。

首尔菜市场

新鲜食材——牛肉

停车时，我们还发现了一个有趣的现象，最方便的停车位喷的是粉红色线，专门给女士停车用，如果男士将车停在这里将被罚款。我到过很多国家，只有在韩国见识到了女士专用停车位，足见韩国社会对女士的尊重。

第二天，我们去了市中心超市。这里物品极其丰富，各种肉类分档加工，清洗干净，用纸包好，让人看着舒心。中国的食材及一些欧洲调味料，都是精品，看起来品质非常有保障。

接下来几天我都在厨房忙碌，直到任务结束。回国前还有点时间，我们去参观了韩国民俗村。

韩国民俗村是韩国著名的旅游景点，位于首尔以南的京畿道龙仁市。古代韩国各地的农家民宅、寺院、贵族宅邸及官府等建筑聚集于此，再现了韩国500多年前的人文景观和地域风情。流连其间，我们能够亲切地感受到众多的中国元素。随后，我们还参观了水原市的世界文化遗产华城及正祖大王的行宫，中午则品尝了一顿地道的韩餐，充分感受到了韩国的凉

韩国民俗村

辣风味。

2012年3月，我再次因工作来到韩国。

晚上，我们在一家有名的明洞饺子馆品尝韩餐，这家餐馆由韩国人经营，主营刀削面、水饺，但我点了一碗韩国的炸酱面。韩国的炸酱面与北京炸酱面有所不同，北京炸酱面咸香，且会配上豆芽、黄瓜、白菜丝、黄豆等；韩国炸酱面则非常简单，主要是酱和面，没有什么配料，且用的是黑豆酱，不咸微甜，酱色不深，保留了大豆的香味，炒酱时会加入很小的肉丁和土豆丁，味道不错。餐厅人很多，也有不少中国游客。

由于酒店餐价比较高，我们中午和晚上基本在外面用餐，顺便品尝这里的特色风味。韩国餐馆的菜单上一般都是“套餐”，你只需要点一道主菜，餐馆便会帮你配上一些小菜，还会配上汤和米饭。主菜分提前炖好和现做两种，如炖猪腔骨，餐馆会事先炖好一锅，里面有土豆、金针菇等，微辣；铁锅炖带鱼则是电磁锅现炖，下面铺上洋葱、泡菜，上面放置新鲜带鱼，加

韩餐凉拌菜

韩国炸酱面

汤焖熟，非常好吃。而配的汤则是锅巴汤。

2014 年 6 月，我因工作第三次来到韩国。有了前两次的“基础”，这次我特意尝试烹调韩国特色美食，有参鸡汤、石锅拌饭、泡菜等，并在摆盘上精心设计了一番，收获颇丰。

三次到访韩国，从观、尝到自己动手制作，我对韩国的饮食文化有了“全方位”的了解。

历史上韩国长期处于农耕社会，饮食文化中的主角是大米，以米饭为主食，辅以肉类、鱼类、蔬菜类小菜。而泡菜、酱肉、酱鱼、酱汤、酱菜、豆酱等腌制、酱制食品一直深受韩国人喜爱。酱和泡菜延绵了数千年历史，蕴含着久远的传统，也给予了韩国饮食文化独特的风味和别致的风韵。从豪华的宫廷宴到简单的四季小菜，大大小小的酱品，小菜与主菜搭配错落有致，俨然成了一道独特的风景。

酒店的自助餐

酒店准备的菜肴

不仅如此，韩国还运用四种基本造型方法，将酱和泡菜从酱缸到餐桌进行了升级突破：

利用各类食品本身的质地和色彩，留白摆盘。精致的小瓷碗中拼摆或叠加着一小撮酱菜，通常只放三分之一，这种适当留白增添了菜品的意境，更有余味。

利用各类食品本身的形态、颜色，精美装饰。韩国泡菜原料除了蔬菜，还有章鱼、海参、虾、螃蟹、水果等，当地人则根据不同原料的形状，做成各种动物、植物形状，如鱼形、花朵等来装饰，造型变化自如，形象生动逼真。

选取合适的容器。由于韩国人喜食辣椒，大多酱品颜色艳丽，通常会选用大小有别的黑白色碗盛放，于是黑、白、红、绿高低有序之间便透着一股质朴、浑厚的饮食风味。

创新融合。从外来食品中获取灵感，颇有创意地将泡菜加入汉堡、三明治、比萨、寿司、水饺、烧卖中，简单又口感别致。

所以，食物造型的设计和改变，能够让食物从平凡、普通变得美丽、高雅，任何一名厨师都应当具备这样的设计能力，因为我们今天烹制的食物不仅要能解决人们的温饱，而且要带给人美好感受，唤起人们对美好未来的追求。

技法小结 · 参鸡汤

参鸡汤是最具代表性的韩国宫中料理之一，用当年小童子鸡，腹内放糯米、大枣、高丽参，小火慢煮而成。

一场来自俄餐的西式摆盘艺术——白俄罗斯

设计食物造型，除了要懂得设计技巧，让食物在食器上呈现美丽的姿态外，还要不断观察新鲜事物，自我更新、积累经验、记录不足，这样才能创造出独特的摆盘风格。

中国人的饮食观十分感性，追求的是一种难以言传的意境，因此关于菜肴造型兼有写实和写意的手法，涵盖热菜造型、冷菜造型、花色冷拼等各种方法，极其讲究刀工和火候技艺，要求具有形象思维和丰富的实践操作经验。

西方饮食也讲究艺术性，在西餐业内有这样一句话“You eat with your eyes first”（大意是“在你用餐的时候，你的眼睛是第一个在品尝的”）。西餐菜肴也都非常讲究“第一印象”。但是在一种理性的、科学的饮食观引导下，饮食的理性压倒审美性，在饮食艺术的呈现力上较为简单、实用，在菜肴造型上更多呈现出来的是一种“摆盘艺术”，比如意餐、法餐。虽然俄餐相较于意餐、法餐显得有些简单粗糙，但是在白俄罗斯，我却见识到了一场西式摆盘艺术。

2015 年 5 月，我从北京飞往白俄罗斯首都明斯克。

出了明斯克机场，我们入住北京饭店。

北京饭店是中白两国间重要的友好合作项目，整体建筑具备中白两国的文化元素，白墙黛瓦的中国徽派建筑特点，契合了白俄罗斯人喜爱白色的民族传统，在立面处理上则以现代主义的简约为主要手法，现代中式与简约欧式相结合，整体的艺术设计上兼顾不同文化的相互认同。酒店离主干道不远，步行也就 10 分钟，但是闹中取静，绿树河流环绕，风景清新别致。

明斯克是白俄罗斯的首都，也是白俄罗斯的政治、经济、文化中心，已有九百多年的历

明斯克北京饭店

饭店自助餐台一角

史，没有高山，基本都是平原，还有一些沼泽，到处是肥沃的土地和茂密的森林。白俄罗斯有一万多个湖泊，生态环境被保护得非常好，享有“万湖之国”的美誉。

独立大街是明斯克最繁华的街道，宽阔而庄严，美丽而干净，两边的房屋都有上百年的历史。大街上的一些商店和超市关门经营，在门窗上贴上经营的内容，但不影响整个市容的整洁。白俄罗斯人素质很高、生活安逸、为人礼貌，社会治安好，市场物价也不高，社会主义时代的影子在这里还能看到。另外，白俄罗斯人是正宗的俄罗斯民族，与其他东欧邻国相比更好地保留了古斯拉夫人的基因特点：清澈的眼眸、高挺的鼻梁、尖尖的下巴、深陷的眼眶和突出的颧骨，面部非常具有立体感，所以这里的美女享誉全球。在明斯克，无论是在街头、餐馆还是在广场，到处都有美女们明媚的笑容，绝对是一道美丽的风景。

唯一遗憾的是，因多年前乌克兰的切尔诺贝利核电站爆炸，白俄罗斯深受辐射影响，虽然明斯克离爆炸点比较远，但还是让人的心里蒙上了一层阴影，国外前来旅游的人很少。

这次我还在机场见识了非常独特的待客礼节——盐蘸面包，这是当地最尊贵的待客礼节，用来欢迎“重要、尊敬和钦佩的客人”。俄罗斯族人喜欢面包，认为面包代表着富足、安康的美好祝福，是极为神圣的食品。而盐则是保护人们摆脱邪恶力量侵扰的护身符。用面包和盐招

独立大街

待客人是信任、尊敬和友好的象征。客人可以掰一小块面包，蘸一点盐，品尝一下，表示谢意，拒绝面包和盐则是不礼貌的行为。

随后的工作一切顺利，我们也松了口气，看看还有点时间，便前往明斯克的郊区米尔城堡参观，一个多小时的路程中，绿树成荫，湖水荡漾，牛羊成群，风景非常迷人，真是人间天堂。

米尔城堡建于15世纪末，是融合了哥特式、巴洛克式及文艺复兴式艺术风格而缔造出的非凡的历史遗迹，被联合国教科文组织列为世界文化遗产。米尔城堡四周为四方形，在每一个拐角处都建有塔楼，北边是一个意大利花园，南边是一条人工河。时间充足的话完全可以漫步在城堡周围近距离感受它的厚重威仪。这里有个小型的博物馆，很好地保存了历史的原貌，漫步在城堡中我的脑海里不禁会浮现出过去贵族们优雅、舒适的生活场景。

米尔城堡

晚上，我们在一家当地餐厅品尝地道的特色菜肴，有俄式沙拉、红菜汤和白菜汤、烤肉、罐焖土豆饼、黑啤酒……完成工作后，大家放松畅饮，也为这次的工作画上了一个圆满的句号。

这次旅程，让我感受最深的是俄餐的精致。在厨房，我全程观摩了白俄罗斯厨师的烹饪技术，烹饪的菜肴主要有俄式白菜汤、煎薯茸猪扒、焗鲜三文鱼等。

白俄罗斯和俄罗斯的饮食文化一样，有着悠久的历史，兼容了英法菜系的精华，但是总的来讲他们在食物的制作上较为粗糙一些，然而在这里我第一次看到俄餐做得那么精致、美观，菜肴以法餐的形式改变了俄式菜肴的粗犷，味道比较清淡，没有那么重的奶酪和油，其中土豆的制作更是千变万化，烤土豆、炸土豆、土豆泥、土豆丝……土豆饼则是其经典的传统美食，色泽金黄，口感香软，非常美味。而且厨师们在摆盘上颇下了一番工夫，让菜肴看起来

焗鲜三文鱼

煎薯茸猪扒

两品俄式菜肴

更加精美。

做厨师的都知道，摆盘不当会影响菜品的美观，甚至影响食欲。而摆盘的设计大多从点、线、面三个方面入手：

点，点在构成中具有吸引视线的功能。相对于错落有致的盛器，具有“点”的功能的菜肴会显得突出，如煎薯茸猪扒中的奶汁。

线，线在造型中的地位十分重要，垂直线有庄重、上升之感，水平线有静止、安宁之感，斜线有运动、速度之感，线的粗细还可产生远近效果，面的型也是由线来界定的。

面，是体的表面，具有一定的形状，主要分为两大类：一是实面，有明确形状的能实在看到的，如煎薯茸猪扒；二是虚面，由点、线密集机动形成不真实存在但能被我们感觉到的面，如俄式沙拉。

总体而言，摆盘设计有五种基本形式：

混合式，将不同颜色的不同食材，烹饪或加调汁拌匀盛放即可，注重的是食材间颜色的搭配，比较常见。

分隔式，将不同味道的原料或菜品放在同一盘的不同空间中，比较常见。

立体式，错落有致的立体形状，比较有时尚感，考验的是厨师的设计感和想象力。

平面式，重叠平铺于容器之上，比较适用于片状冷餐。

俄式沙拉

放射式，有统一感，而且主次分明，放射开

的图案更显整齐。

西餐摆盘灵活性比较大，会注重菜品以外的很多东西，如餐厅风格、宴饮主题、季节等，没有固定的模式，但是同一盘中的不同食材的味道不能相互影响。中餐则是注重传统习惯与色香味的全面结合，随着中西交流日益频繁，中餐的摆盘也如西餐一般逐渐多样化，菜肴的艺术性呈现更为多元。特别是在移动社交时代，食物的摆盘效果直接影响了菜品在朋友圈的曝光率。

时至今日，我已到访过世界很多国家，每一个地方都给我留下了独特的感受，每一次的接待任务都令我感到骄傲和自豪，我爱自己的职业和工作。

中餐菜肴造型的基本工艺

一、热菜造型

1. 烹制定型

根据菜肴成形的要求做刀工技艺处理后，靠加热烹制而改变原材料形态。一般程序是：选料→粗加工→剞花[①]→加工（拍粉或挂糊）→烹制→浇汁或不浇汁→装饰。

剞花技术性很强，刀工是基础，火候的掌握也非常重要，往往是成败的关键。造型潜力很大，往往形象逼真，色泽变化也更加丰富多彩。

2. 加工造型

对不同形式的食材在切配成片、丁、丝、块……的基础上，经过巧妙组合，制

① 剞花：把原料的表面切割成某种图案或v纹,使之受热收缩或卷曲成花形，剞花的目的是缩短成熟时间，使原料受热均衡，达到内外成熟、火候一致。

作成美观的花色形态，然后再烹制而成。一般程序是：选料→加工→制生坯→烧制→浇汁或不浇汁。

其中制作生坯是关键，有茸塑法、填瓤法、包卷法、穿入法等。

3. 摆拼定型

将普通形态原材料加工后拼摆成形式新颖美观的菜肴，许多传统菜肴经过一番艺术性拼摆都能达到意想不到的效果。主要有生熟混拼、熟拼和半成品摆拼，关键在于心思要巧。其中熟拼难度比较大，不仅需要厨师有较高的烹调水平，还需要有一定的艺术修养。

二、冷菜造型

单盘与拼盘

这类冷菜拼盘造型构成可以分为垫底、围边和盖面三个步骤：

垫底，对冷菜进行刀工处理，将边角料改刀为片状或丝状，置于底层，这样做主要有两个目的，一是减少浪费，二是让拼盘丰满好看。

围边，将加工好的原料码在垫底两侧或四边，令人看不出有垫底。

盖面，采用切或批的刀法，把冷菜质量最好的部分加工成刀面整齐划一、条片匀称的料形，均匀地覆盖在围边料上，令整个冷盘浑然一体，格外整齐美观。

三、花色拼盘造型

花色拼盘除了具有实用和欣赏的功能外，还要具有一定的意境，如我在瑞士制作的“吉祥宫保鸡丁”（详见《创意精琢，文化传递——瑞士》一篇）应时应景，为中国传统美味赋予美好寓意。

花色拼盘制作程序较为复杂、难度大，包含构思、构图、选料、刀工、摆拼等一系列过程，要求厨师有扎实的基本功及深厚的文化素养。

第六章

味，厨技淬炼美食之“魂”

调和之事，必以甘、酸、苦、辛、咸。先后多少，其齐甚微，皆有自起。鼎中之变，精妙微纤，口弗能言，志不能喻。若射御之微，阴阳之化，四时之数。

——《吕氏春秋·本味篇》

“味”是饮食的灵魂，不管一餐一饭，还是一菜一汤；不管厨技的运用、菜肴主味的把控，还是香料的调和、口味的创新，人类追求的都是让食材与烹调技艺充分碰撞，以制作出舌尖上的至味。人类对美食念念不忘，归根结底是岁月将味道烙在人类的味蕾上，随生而生，永不磨灭。

焦香，煎、炒、炸、烤的技艺调和——罗马尼亚

只有好的食材没有过人的厨技，难以将食材的美味发挥到极致。食材与厨技的完美匹配及完美融合才是一道美食流传千古的秘密。

传说在鸿蒙初辟的年代，人类茹毛饮血，不断拓宽着自己的食谱。然而真正改变命运的是一把“天火”。

一次罕见的雷电点燃了一片森林，面对滚滚焦土，大多数动物选择了逃离，人类却做出了至关重要的选择——回到焦土之上。果然，发现了宝藏。经过大火的炙烤，食物变得更为柔软，芳香四溢，肉类鲜嫩多汁、油脂充盈——鲜香的味觉刺激，第一次引爆了人类的味觉体验，从此引发了人类味觉世界天翻地覆的变革。

在随后的漫长岁月里，随着人类食材的不断丰富，调味品的不断发掘，人类用火的方式花样百出，烧、煮、焖、炖、蒸、炒、爆、熘、炸、煎……在历史长河中，人类练就了烹饪的十八般武艺。掌握了“先进技术”的人类，在调料的配合下，将自己的味觉体验从单纯的酸、甜、苦、涩、麻、辣、咸、鲜进化成复合的咸辣、麻辣、咸甜……烹饪技法不仅淬炼了美味，也成为一个地区乃至国家最主要的饮食文化特征之一。

中国有着悠久的历史，烹饪技术种类十分丰富，仅常用的技法就有二十多种。中国菜肴尽其所能地追求色香味俱全，口味更是丰富多变。西方的烹饪技法则相对单调，主要是烧、煎、烤、炸、焖等，规范化、精细化操作，调料的添加精确到克，烹调时间精确到秒，将更多的注意力聚焦在“怎样尽量保留食物的营养价值”上，菜肴口味大多固定、单一。而罗马尼亚却有些例外，西式的技法，菜式上却有着东方的风格，令我感到新奇又亲切。

2004 年 6 月，我乘飞机从华沙飞往罗马尼亚工作。

这次我要往来康斯坦察和布加勒斯特两个地方。

康斯坦察是罗马尼亚最大的海滨和港口城市，位于黑海西岸，是多瑙河 - 黑海运河的终点。这里自然风光优美，海滨浴场沙滩宽阔，海浪温柔，已建成旅游区，成为闻名世界的旅游胜地。只是时间不允许，我只在附近的沙滩走了走，匆匆一瞥这里的海滨美景。不过在酒店我却见识到了当地美食。

第三天，我做好早餐，便飞往布加勒斯特，直到工作圆满结束，我才有时间真正去领略一下罗马尼亚的风土人情。

菌香三鲜虾面

酒店的菜肴

布加勒斯特是罗马尼亚首都、第一大城市。多瑙河支流穿过市区，十几个湖泊星罗棋布，整个城市绿树成荫，非常优美。纪念碑、雕塑像及一些欧式建筑穿插其中，赋予这座花园城市浓厚的人文气息。我们还特意参观了罗马尼亚议会宫。

罗马尼亚议会宫坐落在市中心的一个山坡上，是全球面积最广、造价最高、体积最大的行政大楼之一，里面有参议院、众议院、宪法法院等重要国家机关。该建筑恢宏、壮观、威严，艺术感也很强，被视作罗马尼亚人民勤劳和智慧的结晶。

晚上我们一起去外面用餐，吃的是“公斤饭”，其实就是自助“量贩式”，以重量计费，通常以 100 克为单位。餐厅提供的都是大众菜品，蒸糕、白菜叶子卷肉馅、肉皮冻、炒牛肉、红烧肉等，颇有些东方特色，一下子勾起了我无限的思乡情。

罗马尼亚大多为拉丁人后裔，血统上与法国相近，中世纪时，罗马尼亚几个大公国时常派人去巴黎宫廷学习，所以在语言、文化、饮食方面接近意、法等欧洲国家。但是中世纪后期，罗马尼亚处于基督教世界抗击奥斯曼土耳其的最前线，长期的战争和文化融合，使得这里的饮食习惯掺杂了很多土耳其人带来的东方特色。

罗马尼亚议会宫

因此，与周边欧洲国家不同，罗马尼亚人煎、炒、炸、烤，种种烹饪“细活儿”他们都会。正是这种煎、炒、炸、烤的技艺加上罗马尼亚人常用胡椒粉、洋葱、大蒜、辣椒来调味，形成了其独特的口味——喜欢浓郁焦香的味道。但是在酒水与菜肴搭配方面，则是典型的欧洲风格，非常讲究。

罗马尼亚独特的东西融合的饮食现象，让我觉得既亲切又感慨。在这个工业化和全球化的时代，世界仿佛成了一口“大锅”，不同的食材和技法在这里融合，演变为丰富多样的口味。而人类的舌头也比任何时候都更加“繁忙”，一粥一饭，背后都是不同的地理、历史和文化；一咸一淡，都是不同的味觉世界。作为厨师，不能偷懒，让自己局限于仅仅掌握几项拿手的烹饪技术，而是要终身学习，熟知每一个基础技法及其演变出来的神奇变化，了解和正确使用基础技法，只有这样，才能更好地进行创新，进而融入新时代发展的洪流。

24种常见经典烹饪技法

人类烹饪技术种类十分丰富，常用的技法有煎、炒、炸、烤、焖、炝、煮、烩等，共24种：

煎，西方最为常用的技法，被广泛地应用在各种类别的菜品当中，是一种古老的烹饪方式。煎的英文说法是pan-fry,而“pan”在英语中意思为平底锅，所制食品口感酥脆、软嫩，口味鲜香醇美。

炒，典型的东方技法，以油为主要导热体，用中旺火让小型原料在较短时间内受热成熟并调味成菜，这种方式可使肉汁多且味美，可使蔬菜又嫩又脆。

炸，各个国家的烹饪中都可看到，根据时间和火候的不同，炸出的菜肴会有香、酥、焦、脆、嫩的不同特点。

烤，人类史上最为原始的方法，原料经烘烤后，表层水分散发，会形成松脆的表面并散发焦香味。

爆，急、速、烈，加热时间极短，主要用于烹制脆性、韧性原料，如猪肚、鸡胗、牛羊肉等，菜肴脆嫩鲜爽。

焖，将加工处理的原料，放入锅中加适量的汤水和调料，盖紧锅盖，烧开后改用小火进行较长时间的加热，煮熟，菜肴酥软入味。

烧，将前期熟处理（经炸煎或水煮）的原料，加入适量的汤汁和调料，先用大火烧开，再改小中火慢慢加热至成熟定色，菜肴汁稠味鲜。

熘，先用炸式滑油、蒸、煮的方法，使其加热成熟，然后调制卤汁，使卤汁与原料包裹而成。由于熘菜的熘汁工序不同，从而形成了多种风味的熘菜技法，大体上有脆熘、软熘、滑熘，菜肴滑润鲜嫩。

炝，把切好的小型原料，用沸水焯烫或用油滑透，趁热加入各种调味品，是制作冷菜时常用的方法之一，菜肴清爽脆嫩、鲜醇入味。

贴，把几种黏合在一起的原料挂糊之后，下锅只贴一面，使其一面脆黄，而另一面鲜嫩。它与煎的区别在于只煎主料的一面，而煎是两面。

烹，分为两种，一种是以鸡、鸭、鱼、虾等肉类为料的烹，一般是把挂糊的或不挂糊的片、丝、块、段用旺火先油炸一遍，锅中留少许底油将炸好的底料加调料快速翻炒；另一种是以蔬菜为原料的烹，可将主料直接烹炒，也可先将主料开水烫后再烹炒。

熏，将已经处理熟的主料，用烟加以熏制，菜肴有烟熏的清香味，食之别有风味。

卷，以菜叶、蛋皮、面皮、花瓣等作为卷皮，卷入各种馅料后，裹成圆筒或椭圆形后，再蒸或炸，可根据原料和炒制工艺的变化制成各种不同口味。

蒸，把经过调味后的食品原料放在器皿中，再置入蒸笼利用蒸汽使其成熟，菜肴鲜香健康，气味纯正。

汆，沸水下料，水开即成，原料大多是小型的，或加工成片、丝、条，或制成丸子。一般是先将汤或水用旺火煮沸，再投料下锅，只调味，不勾芡，水开即起锅，菜肴汤多清鲜，质嫩爽口。

煮，和汆相似，但时间较长，先用大火烧开，再用中火或小火慢慢煮熟，菜肴鲜嫩清香，滋味浓厚。

炖，食物原料加入汤水及调味品，先用旺火烧沸，然后转成中小火，长时间烧煮，菜肴软烂咸鲜。

烩，将原料油炸或煮熟后改刀，放入锅内加辅料、调料、高汤烩制，菜肴汤醇味美，营养丰富。

腌，把原料在调味卤汁中浸渍，或用调味品加以涂抹，使原料中部分水分排出，调料渗入其中。腌的方法很多，常用的有盐腌、糟腌、醉腌，菜肴酱味浓郁，开胃增食。

卤，指将初步加工和焯水处理后的原料放在配好的卤汁中煮制而成，菜肴香味浓郁。

拌，把生料或熟料切成丝、条、片、块等，再加上调味料拌匀即成，菜肴原料鲜嫩，口味清爽。

冻，主要是利用蛋白质凝胶作用的原理，将原料本身具有的胶质或另添加猪皮、食用果冻等，经蒸熬后凝结成形，菜肴晶莹透明，软嫩滑韧，清凉爽口。

拔丝，将糖熬成能拔出丝来的糖液，包裹于炸好的食物上，装盘热吃，菜肴制作精细，金丝缕缕，妙趣横生。

蜜汁，把糖和蜂蜜加适量的水熬制成浓汁，浇在蒸熟或煮熟的主料上，菜肴软糯香甜。

这 24 种传统技法是菜肴创新的基础技法，每一名厨师都应该了解，并学会正确使用。

热辣的“印欧混血”之味——墨西哥

调味要分清主次，如果一道菜品没有一个突出的主味，就形不成特色，成不了美味。

甜的蜂蜜、砂糖，酸的柠檬、陈醋，辣的辣椒、大蒜……不同食物在与舌尖的碰撞之中，总是会产生不一样的味道刺激与感受，而这种感受便被称为“味”。在漫长的饮食发展历程中，中国古人对这些食材的味道进行了分类，最终形成了甘、酸、苦、辛、咸“五味”之说，并因地域差异、气候差异、资源特产、饮食习俗等影响大致形成了北咸南甜东辣西酸的“味道中国”：

鲁菜，咸鲜纯正，突出本味；

川菜，麻辣醇浓，调味多变；

粤菜，清中有鲜，淡中求美；

苏菜，咸甜适中，清鲜平和；

闽菜，清鲜和醇，荤香不腻；

徽菜，浓淡相宜，香鲜酥嫩；

湘菜，酸辣香鲜，口味多变；

浙菜，滑嫩鲜美，清俊逸秀。

每一个地方的菜肴都有着独特的主味，自成一格，拥有辨识度，给人们带来不同的舌尖体验，它们兼收并蓄，共同构成了丰富多彩、口味多样的中国饮食文化体系。

与中国各大菜系在中国饮食体系中平分秋色一样，墨西哥菜，以其独特的“热辣”风味，跻身世界美食之列，融合当地风土人情，颇受世人青睐。

2002 年 10 月，我因工作来到了国际知名度假胜地墨西哥的洛斯卡沃斯。

洛斯卡沃斯位于墨西哥南下加利福尼亚州，是一座海滨城市，景色非常美丽。这里很多酒店依海而建，且每家酒店都有自己的海滩，非常便捷舒适。我们下榻的饭店便依山临海，山坡上还长着仙人掌和荒漠植物，有清凉小溪顺着山沟蜿蜒而下。我住在一栋三层临海小楼的二层，推开窗户就是墨西哥湾，看着眼前美丽的沙滩，以及那湛蓝的海水推起的一层层波浪，很是惬意。

美洲假日饭店海滩

只是这里的市场食材品种不多，中国的食材更是难得一见，特别是绿叶菜很少。不过仙人掌是墨西哥国花，随处可见，也是当地一种特色食材，去掉厚皮，拌、炒都可以。龙舌兰酒是墨西哥一大特产，用当地的绿色植物龙舌兰制成，酒的度数比较高，喝起来会有一些辣且香甜的感觉，绕于舌尖，缠绵于喉。墨西哥是玉米的故乡。Taco 饼是玉米面煎的薄饼，煎好后卷入炭烤的鸡肉或牛肉酱，然后再加入番茄、青椒、生菜丝、奶酪等配料，外在香脆，内里香、辣、酸、甜各味俱全，深受当地人的喜爱。

随处可见的仙人掌

第三天有一个重要的早餐会，由于别墅的厨房没有炉灶，餐点我需要在主楼内做好后放进保温箱送过去。其他菜看还好，只有炒鸡蛋不能提前做，鸡蛋炒早了容易发黑，时间长了也影响口感。我听说主楼有个电磁炉，便将食材都准备好打算现场制作，结果要炒鸡蛋时，电磁炉刚通上电，电闸就跳了。我找不到电闸在哪儿，也来不及找人帮忙，只好端着鸡蛋盆小跑直奔大厦顶层酒店厨房，在那里快速将鸡蛋炒好，又小跑返回。就这样一来一回，我的衣服都湿透了，好在没有误事。这也给了我一个深刻的教训，凡事不可想当然，一定要事先亲自检查一遍。

此外，墨西哥的欢迎宴会让我印象非常深刻。首先是鸡尾酒会，有白葡萄酒、红葡萄酒和当地特色龙舌兰酒及龙舌兰调制的各种鸡尾酒，搭配墨西哥的特色小吃鸡肉卷（玉米面饼卷鸡肉）、托斯塔达（玉米小脆饼上加蔬菜丝、奶酪、辣椒汁的一种食品）、克萨迪拉斯（油炸玉米饼加奶酪及南瓜花）。正式宴会餐品别出心裁，第一道菜是棕榈嫩芽汤，第二道菜是瓦奇南科鱼、海鱼煎浇番茄汁，第三道是甜品，冰激凌浇上巧克力加椰丝、杧果丁，这是地道的墨西哥风味。

在员工餐厅，我还品尝了墨西哥的美食和他们的国酒龙舌兰酒。龙舌兰酒加柠檬和盐，是最正统的喝法，将酒倒入杯中，放少许盐在手的虎口上，舔一口盐，抿一口酒，再舔口柠檬，入口微甜，后劲十足。盐可以促使人产生更多的唾液，而柠檬可以缓解烈酒带来的对喉咙的刺激，喝起来别有风味。

第四天，洛斯卡沃斯的工作结束后，下午我们来到墨西哥城。

到达墨西哥城，我们抽空参观了玛雅文明古迹日月金字塔和特奥蒂瓦坎古城。在印第安人纳瓦语中古城名字的意思是“创造太阳神和月亮神的地方”，也有人把它意译为“众神之城”。

随后，我们又去了世界著名的“银城”塔斯科，位于墨西哥城西南方向约 185 公里处的崇山峻岭中，是一座遍布红顶白墙、充满西班牙情调的山城，也是中北美洲最早靠银矿繁荣起来

塔斯科留念

的高原城市（16 世纪，西班牙殖民者来到此地，原为寻找黄金，却不料发现了大量的银矿）。

特色水果

塔斯科依山而建，错落有致。小城采用黑色山石铺就石板路，加以白色山石装饰花纹，蜿蜒曲折，在街道两边多为二三层高的老屋民宿。在小城狭窄陡峭的路上，时常会遇到一些老旧的甲壳虫出租车，在弯道上爬坡。这里的银饰品非常精美，有着古老的技艺传承，吸引了大批游客，也成为墨西哥的文化符号。

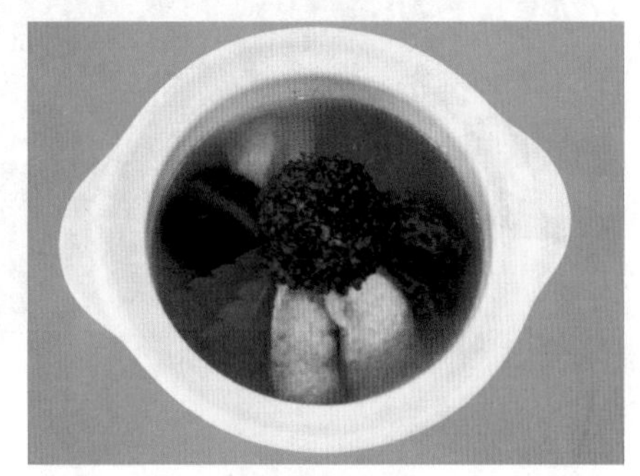

砂锅素什锦

看着眼前的美景，品着墨西哥当地的美食，想到三天后就要离开这片风情独特的土地，心里有些不舍，以为此生可能再与其无缘，没想到的是时隔三年，我竟然再次踏上这片土地。

2005 年 9 月，我因工作乘飞机从美国旧金山前往墨西哥。

这次算是故地重游，工作非常顺利。

饭店的厨师非常热情，他们把墨西哥菜肴送给我品尝，我也将中国菜送给他们品尝。他们第一次吃中国菜，都赞不绝口。

酒店的菜肴之一

天下厨师是一家。随着全球化，各国饮食文化日益碰撞，信息、物流也极为便利，互相也在交流、学习、借鉴，加上人们的思想开放，相互学习新的思想、新的理念，追赶新的潮流，再也不像过去那般保守、故步自封，而是一起将人类饮食文化发扬光大。也许这是当代厨师最大的幸福了。

墨西哥是中美洲的文明古国，这里有古老的玛雅文化，也有近代的殖民文化和移民文化，于是印第安朴素的饮食习惯混合着亚非欧各个大陆的食材，形成了墨西哥独特的“印欧混血”的饮食文化，口感独特。正宗的墨西哥菜，材料多以辣椒和番茄为主，味道有甜、辣、酸等，酱汁九成以上是用辣椒和番茄调制而成的，菜式味道浓烈、醇厚、辣味十足，简直就是墨西哥人热情、奔放、爽朗的性格写照，而这也与当地的气候、物产息息相关。

作为辣椒的发源地，墨西哥本地产的辣椒有上百种。由于气候、土壤和生态环境不同，墨西哥辣椒形态各异、绚丽多彩。辣椒吃法也是花样百出，新鲜食用、调汁、煮汤，还与水果、糕点、糖果、饮品、冰激凌混合享用，基本用法依其味道和辣度而异，这也让墨西哥菜

菜市场的辣椒

式拥有很强烈的辨识度。2010 年，墨西哥传统饮食被联合国教科文组织列入世界非物质文化遗产名录。

其实，从菜肴味型和种类上看，墨西哥菜肴属于酸辣味型，以咸味为基础，酸、辣两味为主味，突出鲜味。确定菜肴的主味，是调味的前提，也是菜肴制作最为关键的一步。

任何菜肴都有自己的主味，有的菜肴以酸甜为主，有的以鲜香为主，有的以咸甜为主……不同主味是通过不同的烹调方法确定的。因此，投入的调味品的种类和数量不可乱来，特别是复合味菜肴，必须分清楚味道主次，才能恰到好处，凸显特色。

技法小结 食用仙人掌

食用仙人掌是墨西哥人从 300 多种仙人掌品种中选育出的蔬菜专用品种，含有丰富的钾、钙、铁、铜、多糖、黄酮类物质，还有低钠、无草酸等特点，长期食用能有效降低血糖、血脂和胆固醇，还有活血、化瘀、消炎、润肠、美容之功效。

另外，仙人掌果实清香甜美、鲜嫩多汁，一般以鲜食为主。墨西哥等地也用鲜果加工成罐头或酒精饮料，也可加蜂蜜、牛奶冰块打成果汁，而做冰激凌风味更佳。

常见中式菜肴 15 味型和种类

1. 家常味型

基本调料为精盐、酱油、味精、葱、姜等，可酌情添加辣椒、料酒、豆豉、甜酱等；特点是咸鲜清香，回味略甜。

2. 咸鲜味型

基本调料为精盐、味精，也可酌情添加酱油、白糖、麻油、姜、胡椒粉等；特点是咸鲜清香。在调制时，需注意咸味适度，突出鲜味。

3. 香咸味型

与咸鲜味型相似，但调制时应以香味为主，调香料如葱、花椒等要适当增加；特点是以香为主，辅以咸鲜，醇厚浓郁。

4. 椒麻味型

基本调料为精盐、花椒、香葱、酱油、味精、麻油、冷鸡汤等；特点是椒麻辛香，味咸而鲜，多用于冷菜。

5. 椒盐味型

基本调料为精盐、花椒、味精等，调制时要注意花椒末与盐按 1∶4 的比例配制；特点是香麻咸鲜，多用于热菜。

6. 咸甜味型

基本调料为精盐、白糖、料酒，也可酌情添加姜、葱、花椒、五香粉、醪糟汁等，各地风味不同；特点是咸中有甜，甜中有鲜。

7. 糖醋味型

基本调料为白糖、食醋，也可辅以精盐、酱油、姜、葱、蒜等；特点是酸甜适口，回味咸香。

8. 荔枝味型

基本调料为精盐、食醋、白糖、酱油和味精，可酌情添加姜、葱、蒜等，但用量不宜太多，仅取其辛香；特点是酸甜似荔枝，清淡而鲜美。

9. 咸辣味型

基本调料为精盐、辣椒、味精及葱、姜、蒜等；特点是咸中有辣，辣中香鲜。

10. 麻辣味型

基本调料为辣椒、花椒、精盐、味精、料酒、葱等；特点是麻辣鲜香，醇厚浓郁。

11. 酸辣味型

基本调料为精盐、醋、胡椒粉、味精、料酒等；特点是酸辣为主，鲜味突出。

12. 煳辣味型

基本调料为川盐、干红辣椒、花椒、醋、白糖、姜、葱、蒜、味精、料酒等；特点是香辣咸鲜，回味略甜。

13. 芥末味型

基本调料为芥末酱，辅以酱油、精盐、味精、麻油等；特点是芥辣冲鼻，解腥去腻。

14. 鱼香味型

基本调料为泡红辣椒、精盐、酱油、白糖、醋、葱、姜、蒜等；特点是咸甜酸辣兼备，香气浓郁。

15. 红油味型

基本调料为特制红油（植物油用葱、姜炸出香味，离火时倒入辣椒面或辣椒丝）、酱油、白糖、味精等；特点是咸辣香鲜，辣味比麻辣味型轻。

香辛美食，香味传神——马来西亚

香料的淬炼，需要捣碎、研磨、融合，才能香味愈浓，一名厨师也必须经过不同程度的锻炼，获得不同程度的修养、格局，才能愈加出色。

清靓的汤即将出锅时，撒上一层切得细碎的香菜，汤便被赋予了一种独特的清香味，令人食欲大振；锅里炖肉时，加几粒花椒、八角，肉的腥膻被浓郁的香味浸化，肉质更为香醇可口……

人类最初使用香料的动机来源于祭祀。古时候人类在祭祀用的酒、肉等祭品中加入食用香料，一来是为了防止祭品腐败，二来是希望祭品中独有的香味可以增加对神的吸引力。随着社会的发展，这种只能在祭品中出现的调味品开始慢慢走上贵族的餐桌，随后成为普通百姓家的常用调味品。①

拥有灿烂饮食文化的中华民族一直走在探索和尝试使用食用香料的道路之上，长期以来，中国菜在烹制过程中不仅注重技法、火候，对于食用香料的运用也是炉火纯青。常用香料不仅有土生土长的桂皮、肉蔻，也有香菜、孜然、砂仁等。香料与厨艺一起，不仅烹调着中国菜式丰富多彩的味型种类，滋养着中国人的口味，也滋润着中国人的生活。

而作为“香料王国”的马来西亚，香料是其美食的精髓，“香辛风味”全球闻名。2013 年 10 月，我有幸来到马来西亚这个“美食天堂”，领略了其独特的美食风味。

---

① 清渠. 舌尖上的文化 [M]. 北京：北京工业大学出版社，2015.

此次我从北京到新加坡，转机到吉隆坡。新加坡航空的服务给我留下了深刻的印象，飞机餐味道可口，饮品丰富，甚至有哈根达斯冰激凌。其体贴细心的服务令人备感舒适，不管管理上还是服务上都值得借鉴。让我感触最深的是服务人员也是老中青相结合。其实各行各业包括我们厨师队伍也一样，要有梯队，有传承，具备专业的职业素养和操守，才能真正把工作做细、做好、做精。

离开吉隆坡机场到达酒店接近晚上 8 点了，我们正准备去用晚餐，同行的同事就接到朋友邀请聚餐的电话，我便随他们一起来到一家高丽馆。这家高丽馆由朝鲜官方经营，非常有特色，来这里用餐的基本都是华人。菜肴以朝鲜烤肉和一些风味小吃为主，服务员兼职餐厅演艺人员，是清一色的来自朝鲜的年轻女孩，个个才貌双全，会弹奏各种乐器，还会演唱中文歌曲，特别是闽南歌唱得很好，深得客人的欢心。听闻，她们两年轮换一次，都由政府安排。餐厅明文规定服务人员不能收小费，也不允许与客人合影。

第二天早上，我们到酒店的自助餐厅用餐。自助餐以西式为主，菜品丰富，还有一些东南

吉隆坡高丽馆

香宫的自助餐一角

亚的特色美食。国外酒店提供的自助餐，大多为西餐，但为了照顾大家的口味，一般也会额外加几个中餐菜肴。东南亚国家则不同，饮食文化大多受中国影响，甚至饭店中还设有中餐厅香宫，自助餐也是非常丰盛。

吃过早餐，我们去了当地市场。吉隆坡市场的物品十分丰富，蔬菜、热带水果样样齐全，特别是水产品物美价廉，而这完全得益于马来西亚“美食天堂”的地位。这里除传统马来西亚菜肴外，中国菜、印度菜、葡萄牙菜等异域风味随处可见。而各地美食纷纷落地发展，自然也就极大地丰富了市场的原料供应。

随后工作中我在酒店还见识了当地的特色菜肴，色、香、味俱全，非常不错。

虽然这次在马来西亚待的时间并不长，但是我对马来西亚的饮食还是有了一种直观的感受：马来西亚菜普遍运用大量香料调味烹制，菜肴颜色艳丽，口味以酸辣为主，充斥着浓郁的香料味。习惯清淡饮食的人可能会有点不适应（我也不太适应）。但我还是被其丰富多彩的“香料文化”所吸引。

酒店自助早餐一角

从市场采购的水果

酒店的菜品之一

吉隆坡国立纺织博物馆

马来西亚地处热带，盛产香料，因其位于古代香料贸易路线上，香料产业非常发达，食用香料也被广泛地运用到当地菜肴中。据说每道菜肴使用的调料不下 10 种。比如马来西亚咖喱，其用料包括老姜、黄姜、山柰、香茅、香叶、丁香、八角、孜然、豆蔻、香菜等，而且仅咖喱就有二十几种烹调方法。再如特色菜肴辣酱烤鸡，一种做法是将鸡肉炒至半熟，加入椰浆、香茅、青柠叶和香兰叶，煮滚后煨至鸡肉嫩熟，加入椰糖、罗望子汁、盐和凤梨等，然后将鸡肉从锅里取出，剩下的酱汁拌煮至浓稠状淋在鸡肉上，再烤 10 分钟便大功告成，其中有着柠檬味香气的香茅草起着画龙点睛的作用。而香料的影子从闻名于世的马来西亚菜五大酱汁中更是随处可见：

亚参酱，以酸子皮、南姜、香茅、马来辣椒等 15 种香料配成，多用来做肉类菜式。

娘惹酱，以姜花、柠檬等 20 种香料配成，多用来做海鲜菜。

参巴酱，用虾米、姜花等调配而成，香口带鲜，多用来做贝壳类和鱼类菜式。

马拉盏，虾米用铁镬收小火炒足两个小时，直到收汁炒出香味，再加入其他香料配成，多用来做主食的调味。

薄荷酱，以薄荷叶、酸子皮水、姜花等配成，搭配海鲜、豆腐类菜式较多。

马来西亚饮食“无香料不欢”。中国菜肴虽然不像马来西亚菜肴那般大量运用香料，有着浓郁的香辛味，但香料的调用也是必不可少的，更是因此延伸出丰富多彩的味型和种类，比如麻辣、咸鲜、椒麻等味型。对香料的熟练运用也是每一位厨师都应掌握的一项基本功。

另外，今天与香料一同闻名于世的还有马来西亚的厨师，由于马来西亚的地理环境和多元化饮食文化，马来西亚厨师懂英文，对西餐、中餐都有一定的了解，在很多国家的厨房里都能见到他们，有一些人更是居于总厨位置。而总厨，不仅需要掌握专业技术，而且需要具备管理经验和文化素养。因此厨师也不单单是炒好菜就行，还需要一定的见识和格局。

技法小结 使用香辛料的四个原则

(1) 对于香味浓郁、性凉以及味苦、辣、麻的香料 (如丁香、砂仁、香叶、桂皮、花椒等) 宜少放，否则香料味道会压制主料味道，并且还会生出药味或苦味。而对那些香味悠长淡雅、性温、味甘的香料，如草果、豆蔻等，则可适量多放些。

(2) 对于重复使用的卤水，在首次卤制原料时，香料可酌情多放，后期香料的添加，用量则要减少，或根据卤水的味道和香气来减少某一种（或多种）香料的用量。另外，多种香料混合起来用比单独使用效果好。

(3) 为了不影响菜肴的美观，香料应该用袋子装好再使用。在调制白卤水时，应尽量少用颜色较深的香料，如罗汉果；少用容易使卤水发黑的香料，如花椒。

(4) 香料要合理搭配并控制好用量，由于香料的种类繁多，性味各异，而且菜肴原料的性质也不一致，所以我们在香料搭配的种类、比例，以及用量的多少、投放的顺序等方面，都应根据香料的特性来确定。

总的来说，关于香料的搭配和用量的多少，应当依据不同地区人群的口味习惯来定，这些还要靠厨师自己加以了解和把握。

古典和新派，淡而不寡——古巴

没有传统就无所谓创新，所有的创新都是以传统为基础，通过添加、替换、更新、变化而成的。任何一位厨师创新的通用公式都是：掌握基本功＋熟知传统菜＋原料变化＋造型变化＋口味变化。

人们的口味并非一成不变，随着中国的开放、包容，中国饮食文化也正在吸收世界其他国家、地区的饮食特色，并因此诞生了不少创新的技法和特色菜肴。比如采用别国的独特调味品咖喱、鱼露、鱼子酱等改进菜肴口味，采用西式烹饪技法改进菜肴的口感和造型——我们正在见证着一场新的“美味融合运动”。

只是我没想到，古巴这个群岛国家，依靠着独特的地理优势、历史文化特色，在尊重食材原味的传统古典菜的基础上，不仅发展出了味道香辛的新派菜，而且新老派之间已经完成了传承、创新与融合，共同构成了古巴“淡而不寡、清而有味”的独特饮食风味。

2008 年 11 月，2014 年 7 月，我因工作两次来到古巴。

两次我都住在同一家酒店，在酒店餐厅用餐。酒店餐厅的菜品不是很多，但很有古巴特色。煎虾、烧鱼是西式做法。烤乳猪是古巴名菜，古巴人家庭聚会和新年必备的菜肴之一，我尝了一点，外皮焦脆，油而不腻，果然名不虚传。甜食很多，味道很好，不愧是“世界糖罐”出产。

第二次到古巴时，我还做了豆沙小鸡、咖喱酥卷、黄桥烧饼、慕斯蛋糕等美味。

忙里偷闲，我也领略了一番古巴的风土人情。

哈瓦那是古巴共和国的首都，地处热带，气候温和，四季宜人，有“加勒比海明珠”之称。市区环境干净整洁，街上的老爷车更是一道亮丽的风景线。市中心多为老式西班牙建筑，古老的教堂、城堡、广场、博物馆……布局整齐和谐，建筑物外观古色古香，置身其中，好似

在酒店工作场景

西番莲汁煎鳕鱼

咖喱酥卷和豆沙小鸡

时间凝固在了这里，不由令人生出漫步历史的错觉。不过令我印象最深的还是当地五颜六色的美食与热情淳朴的民风。

未到古巴之前，我对其了解只限于古巴糖、雪茄、朗姆酒等，由于地缘因素和信息有限，我对这里的饮食文化也知之甚少，深为遗憾。而这两次的到访弥补了我的这种遗憾。

古巴物产并不丰富，人均收入普遍比较低，但是古巴人的生活水平并不低，这里实行义务教育、免费医疗，社会安定，人们的心态也比较平和。

然而，历史上古巴却是一个多灾多难的国家。15 世纪末，哥伦布发现了古巴岛，该岛肥沃的土地和印第安人的善良激起了西班牙殖民者征服和垦殖海岛的欲望；16 世纪时，西班牙征服古巴，古巴进入殖民统治时期；19 世纪中期，古巴人民开始反抗西班牙人的统治并要求独

哈瓦那大剧院及随处可见的老爷车

立，古巴进入独立运动时期；随后美国介入了战争，史称“美西战争”，美国一直占领古巴直到 1902 年古巴共和国成立，但是美国在 20 世纪中期仍对古巴政府具有相当大的影响力。

从最初的土著人，到西班牙移民、非洲奴隶，到今天以白人为主，兼有黑人、华人、混血的人口特点，今天古巴文化是当地文化、西班牙文化、非洲文化“同化”的产物，正如古巴著名诗人尼古拉斯・纪廉所写“混血、混血，一切都被同化”。古巴饮食深受人口特点的影响，融合了西班牙、法国、葡萄牙、非洲、阿拉伯、中国等国家和地区的食物特色，色彩缤纷、味道丰富，也让古巴产生了两大派系——采用常见烹调方法及材料的古典菜和用上多种香料及外国烹饪方法的新派菜。

古典菜，烹饪方法比较简单，一般只用慢火煎或煮，很少油炸，也很少采用太过浓稠的酱汁，味道较为清淡。如菜豆猪肉米饭、玉米粉蒸肉、阿西亚汤菜。阿西亚汤菜是古巴大杂烩，以猪肉、鱼肉为主，加上豆类、土豆、胡萝卜和几种有限的绿叶蔬菜，浓汤烩汁，清新鲜香。

新派菜，在古典基础上，调入了茴香、香菜、月桂叶、意大利香草等香料，并融合了炸、烤、焗等烹调方法，其色泽更为艳丽，口味更为浓郁。比如烹煮猪、牛、羊、鸡等，常以青柠或酸橙汁做腌料，并以低热烤焗，起锅后撒上留兰香叶，香味浓郁。但整体来说，新派菜味道并非极浓极辣，而是比较平和，大多以“Sofrito[①]”来调味，传统上烹煮黑豆、肉类，或以炆的方法做菜时都会用上。

另外，这里的龙虾非常好，可与澳洲龙虾比肩，是古巴换取外汇的主要来源。各种做法的龙虾味道鲜美，深受人们喜爱。

当然，我们不能忘了古巴的“甜蜜体验”。作为“世界糖罐”，古巴人喜爱甜食，如牛奶拌嫩玉米、西番莲甜食、多种多样的糖渍水果、甜牛奶食品……甜食制品丰富多彩，令喜爱甜食的人流连忘返。

新的方式、新的发现、新的味型，几个世纪以来古巴饮食以古典与新派之间的传承、创新以及独到的甜食制作方法，形成了古巴淡而不寡的口味特点。

其实每一种味道的发现、挖掘、运用都伴随着人类对自然界的认识和改造，也蕴含着人类自身的发展历史。美味在历史中碰撞、融合、创新，改变人类的舌尖体验，也因此而造就出人类世界丰富多彩的饮食文化。

任何一国的饮食文化都是一面镜子。中国自 2001 年加入世界贸易组织，便开始了与西方饮食文化最大限度地交融，并引发了一场“吃”的革命：一方面中国人的口味特点正在逐渐丰富、改变，这对中国传统饮食文化产生了巨大的冲击；另一方面我们也在了解国际食品发展趋势，把美食推向全球，让世界人民更加了解中国饮食文化。作为一名中国厨师，我们要洞见这样的发展趋势，更要打开胸怀，兼收并蓄，用自己的技艺和智慧促进中国饮食文化与世界饮食文化的交流、发展。

---

① Sofrito：有人译为“煎”的调味组合，以洋葱、青椒、蒜、意大利香草及胡椒混合，以橄榄油煎出香味而成。

第七章

趣，厨海无涯美食之“乐”

向三时饮食中谙练世味，浓不欣，淡不厌，方为切实工夫。

——《菜根谭》

“吃”是人的第一需要。但我们追求的不仅仅是食物的色香味形俱佳，还要品其中的人文底蕴。在饮食中，菜品本身是物质生产与精神生活的统一，它犹如圣洁的爱情、音乐灵感的闪光，其中蕴含着一种时尚，一种魔力，一种快乐体验……

“地中海心脏”的“亲缘关系”——马耳他

美食有派系，一场没有硝烟的食物流派之争始终在悄然进行，但厨者却不应有派系之别，胸怀需如湖、如海，酝酿更具包容性的美食。

北京的谭家菜和山东的孔家菜，广府风味、客家风味和潮汕风味，杭帮菜和宁波菜……在中国，长期以来一个地区由于地理环境、气候物产、文化传统及民族习俗等因素的影响，与邻近地区的菜式风味相近，形成了一种亲缘承袭关系，从而共同形成了一个菜系。

而菜系“血缘”之别，排名之争，往往备受瞩目，成了饮食文化中一件无伤大雅的美食趣事。比如，曾经我国只有鲁菜、苏菜、粤菜、川菜“四大菜系”，但清代初期有些地方开始“闹独立”便有了“八大菜系”，现在再增京、楚便有“十大菜系”之说。不过，再怎么“闹独立”，中国地方饮食始终有着共同的血脉、共同的内涵——中华饮食文化。

然而，有这样一个国家，其国土面积大约相当于北京的丰台区，其饮食文化的基因和“亲戚”都在国外，有着一个与中国完全不一样却非常有趣的文化融合故事。这个国家就是马耳他。

2001 年 7 月，我们结束了乌克兰的工作任务，搭乘飞机前往马耳他首都瓦莱塔。

这次的随访，我们很幸运，不仅跟着见证了总统府的魅力，还参观了中国参与援建的马耳他港口——大港。

总统府是瓦莱塔著名旅游景点之一，四周有许多两层高的房屋，中心为院落，庄重肃静，是马耳他的传统建筑风格。官邸内除总统办公和居住地外，其余地方作为公园，供游人休息和观光。

大港是一座天然的深水良港。20 世纪 70 年代中期，马耳他经济发展正处于关键时期，急

马耳他总统府

大港留念

需投资建设大型干船坞，可当时马耳他严重缺乏资金，向一些西方大国借贷又十分困难。就在这时，中国政府向马耳他慷慨伸出援助之手，用 1 亿元人民币的无息贷款帮助马耳他设计和建造了“六号”干船坞——大港 7 个干船坞中最大的，耗时近 6 年。干船坞不仅对促进马耳他经济发展发挥了不可替代的重要作用，还被马耳他人民说成是“中国给马耳他送来的聚宝盆”，更是中马传统真诚友好合作关系的象征。

随后，我们又参观了姆斯塔圆顶大教堂。它是世界上著名的大教堂之一，马耳他的地标性建筑。大教堂外观简洁古朴，但是步入教堂，你会一下子被它富丽堂皇的样子震撼，好像整个教堂都是用闪亮的黄金和华美的珠宝精心装饰而成的，极尽奢华，浑然一体。

教堂内陈列着一颗未爆炸的炸弹。关于这个炸弹还有一个有趣的历史故事。第二次世界大战期间，这座教堂曾经历了地毯式轰炸。1942 年的一天，当地 300 多名居民正在教堂内祷告，

姆斯塔圆顶大教堂留念

突然德军的一枚炮弹击中了教堂的圆顶，然而炸弹却没有爆炸，更为侥幸的是炸弹也没有砸到人，人们认为是神灵在保佑他们。

马耳他有着悠久的历史。它是地中海中心的岛国，有“地中海心脏”之称。因地处地中海这个重要战略位置，历史上马耳他曾被多个民族占领：腓尼基人于公元前 10 世纪起来到了这片岛屿，他们在这里繁衍生息，还将港口作为交易中心；此后罗马人、阿拉伯人、诺曼人等先后占领马耳他海岛；后来西班牙、法国、英国等欧洲王朝开始统治马耳他，直到 1964 年马耳他宣布独立，并于 1974 年成立了马耳他共和国。

可以说，马耳他文化是数个世纪以来不同文化在马耳他岛上相互接触融合的产物，包括邻近的地中海地区的文化以及 1964 年马耳他独立前曾长期统治管理该地的诸多国家的文化。

因此，漫步马耳他时，你会发现一些非常有趣的现象：语言，以马耳他语、英语为官方语言，意大利语也非常流行；建筑，既有方石铺地的传统风格建筑，也有不少精雕细琢的维多利亚式建筑；移民，一直有着“移民传统”的马耳他，今天依旧是移民的热门国家之一；外交政策，强调自己是“欧洲的一部分，也是地中海的一部分”，坚持以欧盟和地中海为重点，又重视并积极发展同美国、俄罗斯、中国、澳大利亚、印度、南非等域外大国和新兴经济体的关系……

而在饮食上，作为地中海岛国，马耳他有不少海鲜，比如特色食材鲯鳅，又叫鬼头刀，当地人称之为“国鱼”，但是蔬菜、水果很少。马耳他菜则是几个世纪以来，岛上居民与来马耳他定居的外来者在烹调习惯上互相影响的结果，尽管许多菜式是岛上特有的，但另一部分很受欢迎的菜式则源自意大利南部以及中东地区，如意大利面和比萨是当地人生活中的重要饮食组成。海鲜是马耳他的特色美食，但是守着海的马耳他，渔业发展受意大利和北非的限制，很多海产品都要从意大利进口，价格较贵（所以我们的食材大多从法国购买）。

其实，人类饮食发展大多遵循着这样的轨迹：相近地区的不同食材、烹饪技法组合、碰撞，产生裂变，随后逐渐趋于稳定，或多或少有着地域上的“亲缘关系”。只是全球化的今天，饮食文化将会在更大范围内进行组合、碰撞，今天的厨者也并非只要掌握一个国家、一个地区的食材知识、烹饪技法就够的，而是要放眼全球、兼收并蓄，这样才能成长为一名合格的国际化厨师，对话世界饮食，对话未来厨道。

马耳他当地市场

食之大同，茶和小吃的“阶级跨越”——英国

对于美食家而言，想要将美味淋漓尽致地发挥出来，需要具备三个条件：充足的时间、宽裕的经济和一定的文化素养。

“水为乡，篷作舍，鱼羹稻饭常餐也。酒盈杯，书满架，名利不将心挂。”（五代·李珣《渔歌子·荻花秋》）

“胡麻饼样学京都，面脆油香新出炉。寄与饥馋杨大使，尝看得似辅兴无。”（唐·白居易《寄胡饼与杨万州》）

“竹笋初生黄犊角，蕨芽初长小儿拳。试寻野菜炊春饭，便是江南二月天。”（宋·黄庭坚《春阴》）

……

千百年来，这些文人骚客的诗歌写尽饮食之美、饮食之趣，读之便令人口齿生香，深感逸趣横生。

其实，在人类历史进程中，很长一段时间“吃”是有着“阶级区隔”的，而随着社会的发展，“吃”也逐渐实现阶级跨越，特别是在今天，各种“宫廷菜”“富贵菜”更是飞入寻常百姓家，人人都可以将“吃”文雅地称为“品味美食”。

而英国这个有着浓厚“绅士文化”的国家，有着明显的阶层印迹，饮食既有阶层的分化，也有阶层的融合。纵观英国的饮食文化，就是一部激荡的阶层碰撞融合史。

2005 年 7 月，我来到英国工作。

到达苏格兰后，我们在一家华人餐馆吃午餐，还很凑巧碰到华人子弟在这里举办婚宴。

餐馆将我们三桌安排在了前头，好似我们是参加婚礼的贵宾一般。由于赶时间，没等到婚礼仪式开始，我们便匆匆离开。

一路开车前行，我被苏格兰的乡村风光迷住了，道路两旁壮阔的草地起起伏伏，路边处处有随风招摇的野花。而我们入住的酒店造型敦厚雅致，红顶白墙与门前的绿草茵茵互相映衬，整体透露出一种绅士国度特有的优雅气质，因深厚而不需显耀。一个穿苏格兰传统格子裙的男子，每天会吹着风笛绕酒店一周演奏，悠扬的笛声令人心旷神怡。

然而，一个突发事件瞬间打破了这里的平静。原本伦敦喜获 2012 年奥运会的主办权，整个国家沉浸在一片喜悦之中。然而在得知消息的当天晚上却发生了举世震惊的伦敦地铁爆炸案，带走了 52 条无辜的生命，导致 700 多人受伤，也把这个国家带入了恐怖袭击的恐慌之中。我们决定工作结束提前回国。就这样，我与伦敦匆匆“擦肩而过”，心里有些悲痛，也有些遗憾。

2009 年 3 月，我第二次接到工作任务，前往伦敦。

在酒店留念

与穿着民族服装吹风笛的老人合影

酒店的菜品

萝卜丝煮鲜鱼汤

超市加工好的肉类

到达伦敦的第二天，我们去了当地超市。伦敦的超市很多，不同的地区档次也不一样。高档次的超市物品都是一些纯天然食品，食材种类很多，各种肉类分档包装，有很多加工好的半成品，海鲜类都很新鲜，蔬菜品种丰富，白菜、萝卜、油菜、生菜、鲜芦笋等都有。

我们还去了唐人街。伦敦唐人街由一条大街和几条横街组成，虽面积不大，却是黄金地段，距离英国女王住的白金汉宫和首相的官邸唐宁街 10 号都不远。置身其中，中文标注的商店、餐厅，超市里中餐调味食品，中式厨具，水饺、汤圆、春卷等传统速冻食品，无不令人感到亲切温暖。来这里的大多是中国留学生和华侨，熟悉的味道，亲切的面孔，无不慰藉着我们的思乡之情。在这里我们采购了一些中国食材以及调味品。

将工作安排好，我们忙里偷闲去参观了大英博物馆、大本钟、伦敦桥、伦敦眼等著名景点。

英国的大英博物馆与美国的大都会艺术博物馆、法国的卢浮宫及俄罗斯艾尔米塔什博物馆同列为世界四大博物馆。大英博物馆内藏品很多，因时间有限，我只能走马观花。但是到中国馆时，我看到居然有这么多国宝不能“回家”，内心既被这些珍贵的历史文化的艺术魅力所震撼，也为中国近代的血泪史而感伤，与参观其他展馆不同，心绪十分复杂。

伦敦地标大本钟，有着悠久的历史，时至今日，大本钟的声音仍然是那么的清

大英博物馆的中国塑像

晰、动听。伦敦塔桥横跨泰晤士河，始建于 1886 年，1894 年对公众开放，现在已是地标性的建筑。伦敦眼是可以登高观景的地方。

白金汉宫是英国的王宫，也是女王的办公地点及居所，王宫由身着礼服的皇家卫队守卫。我们很幸运刚好赶上了皇家卫队交接典礼。在军乐和口令声中，士兵做着各种列队表演，一派王室气象，这已经成为英国王室的一大特色文化景观。

在下榻的饭店，我还遇到了两位中国厨师，一位香港的，一位北京的。他们来英国学习酒店管理，为了能够留下，他们选择了厨师职业，因为在国外技术人员很受尊重，也更

大本钟前留念

容易拿到绿卡。他们对我非常热情，而且给了我很大的帮助，真是“亲不亲，故乡人”。

也许英国饮食文化相较于其他欧洲国家比较简单。英国的菜肴种类较少，且有着“难吃”的刻板形象，英国人也常常自嘲。但是受其绅士文化和皇家文化的影响，英国饮食文化也有着一段有趣的历史。17 世纪，葡萄牙公主凯瑟琳嫁给英王查理二世，把葡萄牙宫廷的茶文化带到英国。那时茶从中国辗转运到英国需要一两年的时间，且价格高得惊人。茶的昂贵，以及泡茶与奉茶的仪式感，使得它备受上流社会的青睐。饮茶是当时英国上流社会最时尚的消遣之一。特别是对于贵族女性们来说，请朋友来家里喝茶，被朋友回请喝茶等，成为一种财富和社会地位的象征。到了 18 世纪后期，在各种政治和经济因素的影响下，茶叶价格大幅度下降，茶也就走进了社会各阶层的生活，到了 19 世纪初，茶便从“模仿贵族”的附庸风雅逐渐转化为国民饮料，完成了阶级跨越。[①]

在这个过程中，英国也形成了独特的下午茶文化。根据当地最广泛的说法，下午茶的起源与维多利亚时代英国公爵贝德芙夫人安娜有关。她每天的活动是吃饭和社交，到了下午有点小饿，女仆便为其准备一壶红茶与些许的面包或点心。很快，这种活动就在贵族阶层蔚然成风，被称为“维多利亚下午茶”，并逐渐发展成英国的一个文化符号 。

富贵虾焙面

酒店的西点

传统典雅的下午茶非常注重饮茶环境，或在富丽华贵的客厅，或在绿意盎然的庭院等，按照习惯，泡茶、倒茶的事通常由女性完成。一场成功的下午茶，可以让人领略女主人典雅的气质、出众的才艺和高超的社交能力。英式下午茶培养了英国人所崇尚的绅士淑女风

① 中国茶历史和西方茶历史[EB/OL]. (2018-12-29)[2020-11-20]. http://www.sohu.com/a/285487465_100060093.

度，并形成了自己的一套饮茶社交礼仪。

而在19世纪时，剑桥大学的卡文迪许实验室在下午茶时间举行“茶时漫谈”，所有参加的人员无论职务身份地位，一律平等相处，友好交流。下午茶在剑桥大学被赋予了特殊的含金量。[①]

今天，下午茶在英国仍然非常流行。选用最高档的红茶，尤以中国茶为贵。茶具通常选用中国瓷器或银制器皿。茶点精致，口味以清淡为主，视季节搭配。英国人喝茶的总量几乎与欧洲其他地方的总和相当。

与饮茶从上到下的风靡不同，炸鱼薯条则是一种从下到上的阶级跨越。

炸鱼薯条，这道由炸鱼和薯条组成的常见外卖食品，看上去就是一款街头小吃，但在英国人心中绝对是国粹美食，地位非比寻常。

16世纪前后，来自葡萄牙与西班牙的犹太移民把炸鱼带到了伦敦；19世纪，蒸汽火车让鱼的价格便宜下来，新鲜的鳕鱼可以被运到英格兰内陆地区；19世纪60年代初，犹太男孩约瑟夫·马林突发奇想把自家的炸薯条与附近店铺的炸鱼组合起来售卖，并在伦敦开了第一家炸鱼薯条店；19世纪70年代，伴随着工业革命的进程，炸鱼薯条作为一道价廉物美、营养丰富的快餐，为无数工人带去了温暖与能量，满足了英国低收入家庭的基本膳食需求；在两次世界大战期间，炸鱼薯条是英国极个别的不受配给限制的食物，甚至成为英国人的救命菜。[②] 可以说具有“平民风格”的炸鱼薯条在英国近代史上占据了重要地位。

英国王室成员和政府首脑也从不掩饰对炸鱼薯条的喜爱。查尔斯王子曾专门走访英国炸鱼联合会旗下店铺；撒切尔夫人在竞选首相期间被拍到吃炸鱼薯条，亲民形象成了竞选利器；2015年10月，时任英国首相卡梅伦特意请到访的我国领导人到当地一家酒吧，品尝最正宗的炸鱼薯条。这种接地气的食品也让英国人民感受到了中国领导人的开放、包容和亲切。今天，你率性漫步在英国任何一个街角都能看到炸鱼薯条的身影。

其实，不管贵族式的下午茶，还是平民式的炸鱼薯条，饮食文化表现在人类社会中的地域、财富、阶级等各个方面，由于人类能够互动、交流，自然地将属于各自阶层的菜肴带入其他阶层之中，当这成为一种普遍的“饮食方式”时，有谁能说这不是一种新的成熟的饮食文化呢？

---

① 柳逸青. 论一流大学的文化气质——以剑桥大学下午茶为例[EB/OL]. (2015-12-06)[2020-11-20]. https://www.docin.com/p-1382559973.html.

② 史利平. 炸鱼薯条，最“草根”的英国国菜[EB/OL]. (2018-09-23)[2020-11-20]. https://wenku.baidu.com/view/ea833d52abea998fcc22bcd126fff705cc175c9e.html.

也许随着人类社会生产力的提高，在这个富足、和平的时代，美食不再是某一阶级的专属，越来越多的人有时间、条件来细细品味美食。美食的国际化正在成为一种趋势，并且将会持续很长一段时间，有谁又能说这不是一种新的人类饮食文化的进化呢？

和平主义的“桃花源”生活——哥斯达黎加

美食的魅力不仅在于食物本身，也在于美食中所蕴含的生活态度。有的时候，你对美食的态度就是你对生活的态度。

曾经，一部《舌尖上的中国》轰动一时，无数的“吃货”一到播放时间就痴痴地守在电视屏幕前，高清画面上的种种美食、大江南北的特色佳肴真让人垂涎欲滴啊！节目除了将食物拍得美，更将每一道美食背后的“纯粹”带给观众，纯粹地投入、纯粹地追求、纯粹地制作、纯粹地享受那一刻的生活状态，仿佛一股清流涤荡在当今喧嚣的城市中，令人的心灵获得片刻的安宁。

城市生活的快节奏使很多人生活压力增大，失去了品味美食的雅致心情，很多时候好好吃一顿饭成了一种奢求，不过胡乱地往嘴里塞食物罢了。

其实，美食之道，不仅在于食物本身，更与用餐环境及我们的心情等有着很大的关系。一个人也只有抱着一份澄净、平和的心境，才能真正食得美食之趣，获得生活之味。这一点我在哥斯达黎加感受尤深。

2008 年 11 月，我接到哥斯达黎加的工作任务，从美国纽约转机前往圣何塞。

哥斯达黎加被称为“中美洲的瑞士”“美国的后花园”，气候宜人，平均气温 20 多摄氏度，四季如春，鲜花盛开，绿树成荫，高楼大厦很少，人口少，很像一个欧洲小镇，是中美洲地区经济较发达的国家。其市场物品丰富，不仅蔬菜水果品种非常多，诸如西葫芦、南瓜、佛手瓜、青葫芦瓜、圆白菜、土豆、洋葱、凤梨、木瓜、牛油果、百香果、哈密瓜及美国进口的红提、大樱桃、苹果等一应俱全，而且畜牧业发达，牛羊肉很新鲜，乳制品也便宜。

圣何塞也有唐人街，位于闹市区，是一条长长的街道，采用了仿古设计，有中国盛唐时期

哥斯达黎加市场一角

风格的拱门和石板路面，街道两旁则是各式各样的商铺和餐馆，与很多其他国家的唐人街一样经营着中餐及中国的一些特有食材和物品，满足当地华人的生活需求。当地华人多来自广东、香港和台湾。午餐我们就在一家中餐馆解决，价格实惠，是典型的粤菜口味。

在逛市场时，我还看到了当地的特色旅游产品——羽毛画。其中一幅很吸引我。画面中有房子和装咖啡的车子，很有哥斯达黎加特色。但是我一问价格居然要 60 美元，感觉太贵，便没有买。后来，我看到居然有人买回了一幅，一问才 30 美元。我哈哈一笑，打趣说："看来哪里的市场都一样，看人下菜碟，需要讨价还价。"只是我没想到，在离开哥斯达黎加时，她居然将这幅羽毛画赠予我，这也成为我珍贵的纪念品之一。

接下来，工作进行得很顺利。趁着有点空暇时间，我们去了一趟圣何塞国家公园和植物园。

哥斯达黎加位于环太平洋火山带，是一个多火山国家，在哥斯达黎加国徽上就有三座火山

羽毛画

藜麦金瓜煮鲜鱼

博阿斯火山湖

植物园内的巨嘴鸟

当地农夫与牛车

峰标志，其中著名的是博阿斯火山。火山口内有清澈透亮的火山湖，由于火山的活动，湖中笼罩着一阵阵白色气体，宛如仙境。而在植物园，我则见识了这里的国鸟巨嘴鸟，及一些独特的生物如红眼蛙、树懒、鬣蜥等。

虽然在哥斯达黎加停留不到 10 天的时间，但是我对这里还是有了一定的了解和感悟。与其他地方不一样，这里打动我的是人们恬淡、幸福的生活心境。

位于中美洲和南美洲的文化交汇处的哥斯达黎加饮食上有着美洲特点，玉米和木薯是哥斯达黎加人的主食，特别是玉米的吃法种类，和墨西哥不分伯仲；黑豆饭是当地人从早餐就开始吃的食物；热带地区水果管饱，各种稀奇的蔬菜、野菜也让人大开眼界……

这里万里晴空，流水清澈，绿野遍布，温度、湿度舒适宜人，一出门就能享受到大自然的气息，全国超过 52%的国土被森林覆盖，1/4 的领土是国家公园，居民幸福指数在世界首屈一指，他们在极致风光下演绎了令人艳羡的“纯粹生活”。

面对当今世界的发展趋势，哥斯达黎加在发展经济和慢生活中找到了平衡。这和它的一贯低调又经常一鸣惊人的风格相得益彰。

这个国家没有军队，节省了大笔军费，全部用于改善民生，发展教育，创立社会保障体系等，这成了当地人最引以为傲的事情。当地也没有“工作狂”，遍布大街小巷的咖啡馆每到“咖啡时间”（14：00 —16：00）便会座无虚席。不能到咖啡馆的人也会自备咖啡，到点休息。他们喜爱和朋友聊天聚会，常常将知心好友邀请到家中，喝着咖啡，吃着水果和美食，海阔天空地互相调侃。如果是周末，侃到兴趣浓时，还要唱歌跳舞，一直持续到次日天明方才罢休……

当地人喝着“挂杯”的牛奶或自产的咖啡，吃着色彩艳丽的美食，那不紧不慢、其乐融融、侃侃而谈的慢生活气息扑面而来，一派世外桃源般的景象。

也许就像一位厨师说的那样，只满足身体的美食是不够的，也要有满足心灵的美食。

洒落在丝路上的饮食“明珠”——乌兹别克斯坦

以历史、文化底蕴为“调料”的美食，往往会美得惊心动魄、荡气回肠。

丝绸之路起源于各人类文明中心之间的相互吸引。两千多年来，沿着丝绸之路这条商道，中国与中亚各国的贸易往来日益密切。中亚国家以其低调和神秘越来越吸引人们的视线：哈萨克斯坦尽享伊犁河谷风光，吉尔吉斯斯坦保留天山草场和牧民毡房的马背风情，塔吉克斯坦帕米尔公路（M41 公路）是令人赞叹的冒险天堂。在这片神奇的土地上，有尘封千年的历史文明，有神奇的自然景观，有各式中亚风格的特色美食。

中亚五大斯坦国，我几乎都到过，然而最令我着迷的是乌兹别克斯坦弥漫的烤肉香。当与当地人共处一室享用烤羊肉时，或漫步于古老的历史遗迹之中时，我仿佛亲身体验了当年的丝路盛况……

2010 年 6 月，我因工作需要，第一次踏上乌兹别克斯坦这片神奇的土地，扑面而来的是浓浓的异域风情。

出塔什干的机场时需要填写外币入境数额，以备出境检查。而当地的货币苏姆很不值钱，银行一美元能换 3000 苏姆，黑市能换 6000 苏姆，购买物品往往需要带一兜子钱。对我来说，这也算是一种新奇的体验了。

我住的酒店，离帖木儿纪念碑广场、帖木儿博物馆都很近。斜对面是具有当地民族特色的会议中心，非常漂亮。在不远处有一个步行街，是绘画和传统工艺品市场，羊皮画（在羊皮上手绘一些风土人情场景）是这里的一大特色。在这条街上，你还可以看到很多苏联时期的老旧物件。整条街人头攒动，成为很多游客寻找收藏品和纪念品的绝佳之地。

乌兹别克斯坦货币

乌兹别克斯坦酒店

第二天，我们在酒店享用自助早餐，品种很少，只有黄瓜、西红柿、洋葱、火腿、香肠、煮鸡蛋、炒鸡蛋、面包、酸奶、牛奶、果汁。

用过早餐，我们去了塔什干最著名也最有建筑特色的“大巴扎”(农贸市场)——圆顶市场。它是我们亲近当地文化，熟悉市井生活，采买特色商品的最佳选择。

“大巴扎”仿佛是撑开的一把巨伞，四周没有墙，巨大的圆顶挡住了太阳城塔什干燥热的阳光，凉爽透风。圆顶下的自由买卖，既热闹又惬意。这里主要经营蔬菜、水果和干果，品种不是很多，基本都是当地的特产。中国蔬菜很难看见，不过我们在一家韩国人的商铺意外发现了豆腐和豆芽。虽然食材不多，但都是无公害的有机食品，不用洗直接就能放进嘴里吃，因为这里的农药比菜贵，用杀虫剂不合算。市场旁边是卖牛、羊肉及鸡肉的商铺，肉质新鲜，特别是羊肉，肉质细嫩，少腥膻味，香气十足。这里的羊基本都是散养的，在群山之间，在大自然中自然生长。拥有如此纯粹的原材料，也难怪其烤羊肉世界闻名。

晚上，我们去了一家很有特色的烤肉店。这家餐厅的装修非常有民族特色，墙上配以芦苇装饰，还点缀了一些民族物件。就餐环境安静，人也不多。我们点了当地非常有特色的沙拉、烤羊肉、烤包子及手抓饭、馕等，还有一些现酿的啤酒。“野性”的就餐环境，量足好吃的食物，令人感到说不出的惬意和畅快。

随后几天，我一头扎在厨房，尽心尽职地准备好各餐。

工作结束，在离开塔什干前还有点时间，我们便前往乌兹别克斯坦第二大城市撒马尔罕参观。

撒马尔罕，是中亚最古老的城市之一，丝绸之路上重要的枢纽城市，有2500年的历史，为古代帖木儿帝国的首都。在14世纪，这里修建了最辉煌的宫殿和清真寺，有着“东方罗马”的美誉。由于时间有限，我们参观了列基斯坦神学院和古尔-阿米尔陵墓。

列基斯坦神学院建于公元15世纪至17世纪，是一组宏大的建筑群，左侧为兀鲁伯[①]神学院，正面为季里雅-卡利（意为镶金的）神学院，右侧为希尔-多尔（意为藏狮的）神学院，三座建筑高大壮观、气势宏伟，是中世纪中亚建筑的杰作。

古尔-阿米尔陵墓，是帖木儿及其后嗣的陵墓，建于15世纪。陵墓造型壮观，色彩鲜艳，有球锥形大圆顶，具有浓厚的东方建筑特色，是闻名世界的中亚建筑瑰宝。一位诗人在看到古尔-阿米尔陵墓时说道：“如果天穹消失，此穹顶便可取而代之。”天青色圆顶诉说着曾有的神秘光辉与传说。

2013年9月，我接到工作任务，再次前往乌兹别克斯坦。

工作期间，我们还受到了乌方热情的款待，忙碌了一上午的我们走进餐厅时十分惊讶，每张桌子上都摆满了当地美食，有沙拉、马肠、奶酪、水

塔什干“大巴扎”市场

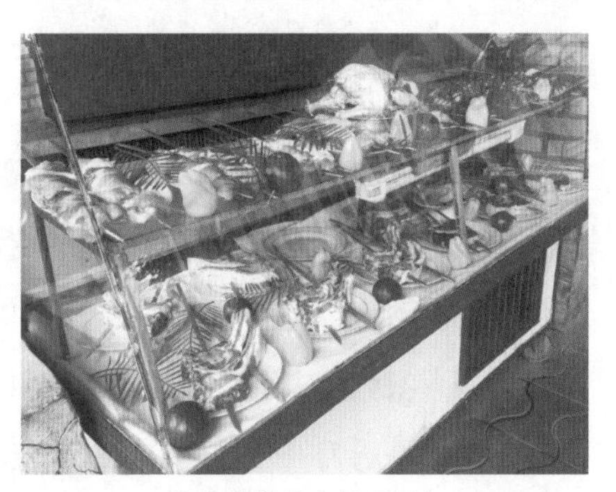
餐厅精美的食材陈列柜

乌兹别克斯坦国宾馆

松仁鱼米

① 兀鲁伯：中世纪帖木儿帝国撒马尔罕统治者，著名的天文学家、数学家、诗人和哲学家。

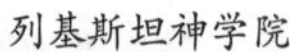

列基斯坦神学院

PLAZA 酒店

果；桌子中间是八种干果，葡萄干、黑葡萄干、杏干、花生粘、腰果、杏仁、核桃、开心果；旁边则是自助餐台，都是一些当地的特色菜肴，还有白酒、啤酒及果汁，非常丰盛，每一个人既惊喜又感动。

后来，我们还去了一家华人餐厅用餐。餐馆老板是江苏徐州人，来这里十几年了，娶了当地姑娘，原是厨师，开了餐馆后既当老板又兼采购还要帮厨，很辛苦。可惜来此吃中餐的人不是很多。因为在乌兹别克斯坦生活的中国人并不多。印度人相对较多。

华人华侨在国外选择经营中餐馆的比较多。大多中餐馆的现状是劳动强度大、人员少、待遇低，有一些工作人员也并非真正的厨师，很多人是为了改善生活，才背井离乡选择从事餐饮业的。而且中餐的价格比西餐要低，利润薄，有些餐馆老板经营了十几年价格还是老样子，缺少现代经营理念。

2016 年 6 月，我因工作第三次来到乌兹别克斯坦。

“大巴扎”和 6 年前相比除了环境更为整洁，物品供应没有太大的区别。

乌兹别克斯坦国宾馆丰盛的午餐

这次借着在外用餐的机会，我充分体验了这里的风味美食：沙拉、烤羊肉串、烤包子、烤鸡翅、羊肉汤、馕等。羊肉串羊肉品质好，而且是炭火烤，真是味蕾的极大享受。羊肉汤味道浓厚醇香，烤包子像小点心一样，精致秀气。这些美味再配上当地的白酒别有一番风味。

几十年甚至上百年来，在世界的旅游地图上，中亚地区都异常低调，乌兹别克斯坦对很多人来说比较陌生。但是在历史上，它和中国有着很深的渊源。

西汉时期，张骞出使西域曾到达的大宛、大月氏就在乌兹别克斯坦境内。唐朝时期有大量的粟特人活跃于丝绸之路上，著名的昭武九姓（《新唐书》以康、史、安、曹、石、米、何、火寻和戊地为昭武九姓）诸国多数分布在乌兹别克斯坦，其中康国就位于撒马尔罕，安国位于布哈拉。安史之乱的发起者安禄山本姓康，就来自康国，后改姓安。

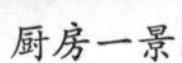

厨房一景

餐厅菜肴

烤包子

在这样恢宏神秘的历史长河中，乌兹别克斯坦是丝绸之路上的一颗明珠，独特的地理位置造就了这个国家多元的民族文化和东西方融合的美食。国内不仅有很多世界文化遗产，如丝绸之路的重要驿站，中世纪的清真寺、古城遗址等，更是有着特色的“餐中四宝”——烤羊肉串、烤羊肉丁包子、羊肉汤、手抓饭。羊肉串又大又香，肉切大一点腌制，调料放得不多，突出肉的香味；烤包子用的面粉里加了黄油，反复压制有了酥层，肉馅是羊肉加洋葱调味，鲜香可口；手抓饭用酥嫩鲜美的羊肉与胡萝卜、洋葱、孜然、大米加水调味焖制，可谓色香味俱全，油亮生辉，乌兹别克人的重大活动都离不开它，被称为“国饭”。

除了这“餐中四宝”，馕也很吸引我。馕基本分为两种，一种是发面的，表面撒芝麻，中间薄脆四周松软；另一种厚一些，面粉里加黄油、鸡蛋再撒芝麻，吃起来筋道脆香，油馕可保存 3 个月之久。在我看来，烤馕就是中亚美味与智慧的结晶。

乌兹别克斯坦的馕

置身于历史文化古迹间，品味着当地传统美食，想象着往来于中国与中亚地区的中国丝绸、茶叶、瓷器、胡琴、葡萄、核桃……仿佛穿越了时空，不难想象曾经丝绸之路的热闹、繁忙。

文化、美食的交流始终是人类社会重要的进化方式，始终是可被津津乐道的历史故事。千百年来在丝绸之路上不同人群、不同国家、不同方式的持续交流，使得饮食文化不断彼此丰富，也使得世界饮食文明更加丰富灿烂。

超越国别限制的美食突破——柬埔寨

越是接近生活真相，享用的美食可能越是朴素，但是只要用心，最简单的食材也能烹饪出令人动容的味道。

“靠山吃山，靠海吃海”，这不仅是中华民族千百年来一种因地制宜的变通，更是顺应自然、顺应社会发展的中国式生存之道。

而柬埔寨，这个和中国一样有着悠久农耕历史的国家，也曾多灾多难，如我们一般精心使用着脚下的每一寸土地，获取食物的活动和非凡智慧无处不在，但却诉说着一个和我们不一样的美食故事。

2012 年 3 月，我乘飞机前往柬埔寨首都金边，开始这里的工作任务。

金边的街景不是很繁华，街上骑摩托车的人特别多，让我生出一种身处 20 世纪 80 年代中

金边街景

国的错觉。但是由于旅游业的发展，当地酒店众多，且都气势恢宏，位置优越。我们下榻的金边洲际酒店，便是现代化建筑风格，大气恢宏，位于毛泽东大道，十分便利。

世界上有两个国家的首都街道以毛泽东的名字命名，一个是非洲莫桑比克首都马普托，另一个就是金边。金边的毛泽东大道，是 1965 年由对中国非常友好的老国王西哈努克倡议修建的，全长 5100 米，最宽处 18 米，最窄处 12 米，是穿越金边市西南部最长、最宽的一条街道，也是金边的重要大街，金边的一些豪华酒店、银行、航空公司、高档餐馆都林立在大街两旁。

晚上，我们在酒店餐厅用餐，算是第一次与当地美食亲密接触。柬埔寨美食与泰国美食的味道比较接近，但酸辣不强，偏甜，以海鲜、河鲜为主。大米是柬埔寨的主食，米粉深受当地人的喜爱，新鲜蔬菜比较多，而且喜欢蘸上调味料生食。这里的餐厅也有中国菜的影子，

金边王宫

礼宾摩托车队

比如炒面、炒鸡丁等。吴哥啤酒在当地非常受欢迎，很多中国人都喜欢，口感接近国内的燕京啤酒。

第二天我们去市场采购，顺便参观了一下市区。

柬埔寨是东南亚地区较为古老的国家，名胜古迹众多。金边王宫是柬埔寨王国曾经的权力象征，曾经的皇家住所。公元 1434 年柬埔寨国王蓬黑阿·亚特迁都金边后，即在金边修建了王宫。现今的王宫是由法国工程师设计建筑的，始建于 19 世纪末，曾于 20 世纪初扩建。王宫金色屋顶、黄墙环绕，大大小小宫殿 20 多座，华丽壮观，是国王居住、办公和会见外宾的地方。

独立纪念碑，是为纪念 1953 年 11 月 9 日柬埔寨摆脱法国殖民统治，获得完全独立而建，高 37 米，共 7 层，上有七头蛇神（柬埔寨的文化象征）100 条，碑身呈五层莲花蓓蕾形，美丽壮观。

金边工作结束，我们飞往暹粒，并有幸随同专机前往吴哥古迹。

吴哥窟是世界上最早的高棉式建筑，世界上最大的庙宇，柬埔寨民族的象征，与中国的长城、印度的泰姬陵、印度尼西亚的婆罗浮屠，并列为“东方四大奇迹”。

12 世纪中叶，真腊国王苏耶跋摩二世就定都吴哥，建毗湿奴神殿。但他去世后，内乱外敌，都城遭到很大破坏，直到阇耶跋摩七世驱逐外敌，登基为王，吴哥发展进入鼎盛时期。阇耶跋摩七世重建通王城。因他笃信佛教，高棉王国的信仰从此转变，两种宗教信仰融合与交替的过程如同年轮一样在寺庙的建筑上被记录下来，据说巴戎寺就是以他的面容为蓝本来雕刻的四面佛（“高棉的微笑”）。然而，自阇耶跋摩七世之后，国势逐渐衰落，1431 年，暹罗（泰国）军队攻占并洗劫了吴哥王城。1432 年，王室被迫迁都金边，吴哥窟也被遗忘在热带原始森林中四百余年，直至 19 世纪中叶才重见天日。

抚摸着吴哥窟每一块斑驳的石块，辨别着每一个风化的雕刻，徜徉其中，一个王朝的背影，或模糊或清晰，萦绕于心……

也许在很多人的印象中，柬埔寨除了吴哥窟、佛教圣地似乎也没有什么了。但是当你了解了它的历史，在柬埔寨你便能真切地感受到当地人的善良和生活乐趣。

柬埔寨历史上曾被迫迁都，曾被强邻控制，曾沦为法国殖民地，现在也并非一个富裕的国家。但是磨难并没有消磨柬埔寨人积极乐观的生活态度及对人的友善之心。这里的人有着“亚洲最热情的人民”的美誉，到哪里都可以看到笑脸相迎，每一个人都非常亲切、友好，他们会让你感到宾至如归。

而曾经的磨难也令他们创造出了独特的饮食风味，几乎每一个到过这里的人都会被柬埔寨繁多的美食震惊，无法忘怀。

吴哥窟

由于曾经饱受战乱，人们就向大自然寻求食物，暹粒市场上有很多叫不上名字的绿叶蔬菜。这些蔬菜大多是野生的，在肉类匮乏的年代，它们也是人们摄取营养的主要来源。而金边的昆虫小吃，则是战乱年代为填饱肚子而遗留下来的独特饮食风景。

这里的小吃也许不是那么精致，却别有一番滋味。木炭烤制的糯米包香蕉，加了油条和椰奶的绿豆汤，以花生、虾末、鱼末为汤料的米粉，在葱、姜、蒜等调味料作用下变得酸辣可口的凉拌菜，从洞里萨湖、湄公河捕来的不用太多调味料简单烹制的河鲜……都是柬埔寨人辛勤劳动、经验积累的结晶。它们以其平凡、平实的样貌和味道，结合着柬埔寨人特有的热情好客，传递着柬埔寨人乐观的生活观念及浓厚的乡土传统。这些足够温暖人心的力量，经美食传递给我们每一个到访之人，谱写着不可忘却的历史情怀故事。

奇正互变，厚积薄发

“久而不弊，熟而不烂，甘而不哝，酸而不酷，咸而不减，辛而不烈，淡而不薄，肥而不腻”一直以来都是中国人的至味标准。这其中有系统的饮食美学——色香味俱全、“和”为贵；有突出“养助益充”的“营卫论”——重视药膳和进补；有五味调和的“境界说”——风味鲜明、适口为珍；有志趣怡情的美食观——体味文化，寓教于食。这些特性让中国饮食文化成为一种广视野、深层次、多角度、高品位的悠久灿烂文化。

然而，任何特性都是建立在烹调技艺基础上的。中国烹饪最主要的原则就是“奇正互变”，它是千百年来，整个中国饮食领域最基本的烹饪方法。

所谓“奇正互变”也就是指“正格”与“奇格”互补的辩证平衡观念。

“正格”，就是通行的厨规，最基本的烹饪法则，简单适用，比如食材加工看刀工，烹饪过程讲卫生，油温控制、勾芡、上浆等一套比较严谨的方法等。那些传承下来的固定菜，如宫保鸡丁、佛跳墙、东坡肉等几乎每道都可以通过“正格”来制作。

“奇格”，就是不拘泥形式而采用的救急或创新措施。如因配料不足而改变部分配料，食材品质不理想通过调味品完善，炊具受限改变烹饪方式等，这些看似简单的细节改变，常常能令原本的菜肴产生一种不可预料的变化，甚至会出现青出于蓝而胜于蓝的烹饪境界。这也正是当今中国厨师们提倡和鼓励“奇格”的重要原因。另外，当今国际饮食文化交流日益加强，不管食材、技法，还是调味、造型，也为“奇格”赋予了更多的可能。

但是不要盲目地迷信“奇格”，“正格”是基础，它会是你形成完整系统的烹饪理念和烹饪技术的“厚积”，你也只有在熟知各种食材、调料特质及各类烹饪技艺特点的基础上，才能更好地“奇变”，从而“薄发”。

第三篇

匠心传承
——择一事，行一生

美食需要时间的沉淀，

烹饪美食就是一场修行，

看得了繁华，耐得住寂寞，

守得住一份信念和执着。

在烹饪的世界里，最珍贵最值得慢慢回味的是厨师在茫茫厨海中的传承和坚守，因此对厨师身份的最佳定位只有两个字——匠人，对厨师精神最精准的描述也只有两个字——匠心。匠人匠心体现在精、美、情三个方面：

精，世事再喧嚣嘈杂，内心依旧平静，面对大自然的馈赠，精细甄选、精妙加工、精心烹制，既成就大自然的这份慷慨，亦成就自己。

美，感知自我，有一份执念，用心专注于烹饪的艺术，令美食绽放出生活之美、文化之美。

情，面对生活中各种变数的徘徊及无限可能，把握态度和情怀，每一次炉灶上的舞蹈都是一场内心的碰撞，每一支厨具间叮当的歌谣，都是一曲情感交响曲。

烹饪的过程其实就是人生修行的过程，匠人们每天都在体会着生活、生命的煎炒烹炸，通过美食传递出内心对世界、对生命的感悟。

粟米牛柳粒

第八章

精，做到极致的生活态度

食不厌精，脍不厌细。

——《论语·乡党》

孔子的这句话道尽了中国先民的精品意识。今天这种精品意识作为一种文化精神，越来越广泛地深入、渗透、贯彻到人类整个饮食活动过程中。从选料、烹调、配伍、器皿到饮食环境、饮食心境，无不体现着一个“精”字。

“五味五色五法”之菜——日本

真正的美食，需要你怀着一颗赤诚之心，精益求精，竭尽全力地制作，然后因精神的沉淀，而产生沁入人心的感动。

《论语 · 乡党》关于饮食有“十不食”：

“鱼馁而肉败，不食”，腐败变质的食物不吃；

“色恶，不食”，色泽不好的食物不吃；

“臭恶，不食”，有悖于正常气味的食物不吃；

“失饪，不食”，烹调失当的食物不吃；

“不时，不食”，不符合时令的食物不吃；

“割不正，不食”，肉割得不方正或不规范操作切割的肉不吃；

“不得其酱，不食”，没有与食物相宜的酱不吃；

“肉虽多，不使胜食气”，美味的肉类非常多且诱人，但应有所节制，不能让肉的气盖过主食的气；

“唯酒无量，不及乱”，酒可以喝，但不要乱性；

“沽酒市脯，不食”，街市上买来的质量不让人放心的酒和肉不吃。

也许对于“十不食”，不同人理解上有一些细微的差别，但是“十不食”却道尽了中国饮食文化的“讲究”，是中国饮食文化延绵千年的传奇，在唇齿间留味，在人心中入魂。这与美食本身选用了哪些名贵食材没有关系，而是在于一道美食选材上用了多少心思，烹饪中用了几分专注，做到了什么程度的精细。

我的“专属”厨房

酒店的寿司

深受中国文化影响的日本有“五味五色五法”之说：五味，即甜、酸、辣、苦、咸；五色，即白、黄、红、青、黑；五法，即生、煮、烤、炸、蒸的烹调法。加之日本人的严谨、专注及“一生只做一件事”的执着，让日本的饮食真正以精工细作闻名于世。

2008 年 5 月，我接到工作任务前往日本东京，在友好和睦的氛围中切身体会到了日本饮食文化的艺术性和精细性。

这次我们要在东京和横滨两地往返。

在东京，一进酒店便是精致的日式庭院，而 17 层的 THE SKY 天台则是世界美食汇聚的自助旋转餐厅，可以享用西餐、日餐、中餐等 80 多种菜品。晚宴时我在这里边品尝美食，边将东京的美景尽收眼底，很是惬意。

这次晚宴，我还借着机会，见证了整个日餐的制作过程。日式菜肴非常精美艳丽，盛器造型各异，融入了很多中国菜的元素。

晚宴上的菜肴

酒店餐具存放整齐干净

在横滨，对我触动最大的则是酒店对餐具的管理：餐具通过洗碗机清洗、消毒，人工收起，放入柜中；存放柜设计得非常科学，每个空间都被合理利用，每种餐具都有编码，并分门别类放好，干净整洁。一切井井有条，非常值得餐饮人学习。

我们还去了横滨的唐人街。这是日本乃至亚洲最大的唐人街，是具有百年历史的华人居住区。在这里仅中国餐馆就有上百家，以广东菜为主，大多数餐馆的口味也已经按照日本人的饮食偏好进行了改良。我们信步而行，游览街头景致，感受中国文化气息，其乐无穷。

其实在此之前我已去过日本两次，并在东京四季饭店工作过，加之这两次高规格宴会的见识，日本的料理给我留下了很鲜明的印象。所选材料以新鲜的海产品和时令新鲜蔬菜为主，自然原味是日本料理的撒手锏。其烹调方式细腻精致，注重味觉、触觉、视觉、嗅觉，以及器皿和意境，极具观赏性。营养沙拉、寿司、生鲜刺身、烤鳗鱼……每一碟、每一碗、每一盘都能让你领会到独特的美、雅、静。

没想到，只隔一个月，我再次因工作来到日本北海道札幌。

北海道为日本第二大岛，位于日本列岛的最北端。札幌是北海道的一个城市，位于北海道西南部，曾举办过第 11 届冬季奥林匹克运动会。

海鲜市场

第二天我们去了当地的二条市场。二条市场是北海道三大市场之一，海鲜是这里的一大特色。北海道处于严寒地带，盛产各种无污染的海鲜产品。冷海水中生长的鱼类质嫩鲜美，贝类个大肥厚，富有弹性，这里还有生长于深海区域的三大名蟹——帝王蟹、松叶蟹、毛蟹。市场里还有一些餐馆，各种鲜鱼、虾、鲍鱼、海胆等，都可以即买即食。在这里你可以品尝到最新鲜的美食。

由于这里有着得天独厚的海鲜优势，在菜品上，我便充分利用这些新鲜食材，海胆做汤，帝王蟹清蒸，扇贝、甜虾做冷菜，热菜则采用煎、炒的方式……充分发挥自己的水平，主要突出一个“鲜”字，更接地气地烹制出具有当地特色的美食风味。

待工作完成，我们忙里偷闲游览了洞爷湖和昭和新山。

洞爷湖，位于北海道西南部，属于支笏洞爷国立公园，是20世纪初因火山凹陷而形成的火山湖，周围被昭和新山、有珠山、樽前山及羊蹄山包围，有遗世独立的静谧之美。湖岸近处

洞爷湖

精美的日式餐厅

黑椒一品牛肉

的昭和新山，则是 20 世纪 40 年代因地震造成断层处隆起的一座高山，至今山脉中还在喷发白烟。

我们还看了羊之丘展望台和大仓山滑雪场，并在外面品尝了札幌拉面。

札幌拉面历史悠久，世界闻名，是当地的美食代表。日式拉面分为酱油拉面、盐汤拉面、味噌拉面、豚骨拉面。札幌是味噌拉面的发源地，味噌就是黄豆经发酵做出的酱，味噌汤的颜色都是白色偏黄，味道浓郁鲜美，可以和肉及海鲜一起煮汤。

札幌活动结束，我们紧接着前往登别。

登别位于北海道西南部，有北海道“第一温泉名乡”的美称。登别温泉水质优良，水温较高，且含有多种矿物质，对人体十分有益，已被列为世界珍稀温泉之一，是旅游度假的好地方。

其实，不用我介绍，地缘及饮食同源的原因，很多人对日本的饮食耳熟能详，刺身、寿司、拉面……日本的代表性美食都能随口说出，对其独特饮茶文化也有所了解。日本饮食文化以充满艺术性的美食造诣和执着专注的匠人精神被世人所接受、赞扬。

日本是岛国，整体而言物产较少，因此日式菜品比较单调，但是由于日本人具有钻研精神，有着对传统的执着和对极致的追求，将食物做得非常精细、精美，对细节变化的处理也赋予了日本料理独到的丰富性。比如拉面，灵魂就在于那一碗热气腾腾的面料之中，主料、辅料、调料，改变其一就有丰富的变化，细品也能感受到巧妙的不同。日本厨师对料理的用心程度真正当得起“匠人”二字，他们继承了先人的智慧，拥有不同寻常的技艺和美的审视，用自己的双手和真心，创造了如今的日本美食，把本土的美味和精神传播到世界各地，感染着每一个人。

每一次到日本我都不禁感叹日本厨师这样的精神，这也是值得每一位厨师学习的：将自己的精神和灵魂放进眼前的菜品中，一点一点去磨砺，而且永远保持好奇心，永远认真工作，不给任何人挑剔的机会，这样烹制出来的菜肴才会精美而深沉，拥有紧紧抓住人心的力量。

标准制造，被量化的快餐文化——美国

曾经人类为了好吃而创造出不一样的食物，如今又为了效率使它们趋同，美食的世界并没有唯一的发展趋势，我们能做的就是更加包容、开放。

东方饮食整体受中国饮食的影响，有阴阳平衡、五味调和、奇正互变及思辨的哲学思想，讲究百菜百味、一菜一格、适口为珍，其精细更多体现在对食材、技艺、成品意境等的极致追求上。

而西方更注重健康和营养，其精细在于分析食材富含多少营养素，肉需几成熟，烹饪调料需要多少克，制作环节需要多长时间……它的精细是一种量化和标准化。今天随着肯德基、麦当劳的全球风靡，美国快餐文化在工业的“催促”下成为这种标准化的代表之一。

美国对我来说并不是一个陌生的国家，华盛顿、纽约、旧金山、洛杉矶、西雅图、匹兹堡、芝加哥，这些被国人所熟悉的大都市我都去过，有时去南美洲也会在美国转机稍做停留。

2002 年 10 月，我们结束墨西哥工作，在洛杉矶转机，见还有时间便去了迪士尼、好莱坞、星光大道，仿若进入了一个神奇的电影世界。原本我们打算买一些美国产的体育用品及一些小电器当作礼物，结果发现基本都是由中国制造或东南亚国家制造的。当地的一位司机对我们调侃说：“美国只生产飞机和导弹，那上面准写着‘美国制造’，其他的基本都是进口的。”听完他的话，我心里好一阵感慨：不愧是以金融和科技为支柱产业的国家。

2005 年 9 月，我接到工作任务，从北京飞往旧金山。

洛杉矶留念

出了机场，路上一栋栋造型各异的别墅掩映在一片片绿树红花当中，美国风情就这样闯进了我的视线。

第二天，我和在这里工作的同事及其家人一同用早餐，仿若一家人一般。其实，对我来说，不在乎在哪里吃，吃什么，而是和谁一起吃。同事人品非常好，对我格外关心，将我当成自家人，能够跟他的家人共进早餐，我感受到了莫大的尊重和真诚。

工作之余，我们还抽空去了 17 英里海岸风景线。

加州一号公路被评为“全球十大最美海岸公路”之一，比邻浩瀚的太平洋，背靠落基山脉，蜿蜒向前，将多个如明珠般散落在海岸上的恬静优美的小镇连接起来。17 英里海岸线被认为是一号公路最美的一段，它是一条私人环岛收费公路，中途会经过世界顶级高尔夫球场及遍布于海岸线的顶级豪宅，且每一处景点路边都有相应的停车场和观景台，永远不用担心错过

旧金山富人区别墅留念

17 英里海岸风景线留念

美景。而令我印象最深刻的是沿路所见的，如黄山迎客松般在岩石中生长的孤独柏（长寿松），它见证了东太平洋的潮起潮落，也傲然面对随时来临的狂风和巨浪，傲骨铮铮。

我们也到市区看了看，驶过金门大桥、漫步渔人码头、远眺恶魔岛、流连九曲花街，一路上繁华热闹，目不暇接。

旧金山工作结束，我们动身前往西雅图。然而，由于天气原因，我们的这次任务临时取消。简单收拾了一下，看还有点时间，我们不想干等着，便去码头坐游船，体验西雅图一小时海湾之旅。伴着凉凉的海风，从海上看市区林立的高楼大厦和高耸的太空针塔，别有一番景致。

2006 年 4 月，我再次因工作原因来到美国。这次的目的地有两个，华盛顿和西雅图。

到达华盛顿，令我惊喜的是“他乡遇故知”。那位故友，我们曾在非洲一起短暂工作过，也从那时建立起了友谊。回国后，我还与她相聚过。这次异国他乡再次相遇，真是非常难得。她邀请我去她家吃饺子，我欣然而往。

接下来工作进行得很顺利，抽空我们还参观了华盛顿。

华盛顿作为美国首都，是美国的政治中心。白宫、国会山、“二战”纪念碑、肯尼迪纪念

海上看西雅图太空针塔风光

华盛顿国宾馆前留影

堂等均设在华盛顿，众多的博物馆与历史遗迹，处处透露着这座城市的历史文化气息。由于时间有限，我们只能就近前往华盛顿老城。老城没有高楼大厦，仍保留着18世纪的建筑，道路干净整洁，很有欧洲小镇的特色，给人以安静、祥和之感，算是“闹中取静”。

华盛顿工作完成，我们又马不停蹄地赶往西雅图。

由于以前来过这里，我对一切都非常熟悉，整体来说这次工作很顺利。

这次借着晚宴，我还见识到了美国人的实在，一共有三道菜：前菜，烟熏珍珠鸡沙拉；主菜，黄洋葱配制的牛排或阿拉斯加大比目鱼配大虾，任选其一；甜品，牛油杏仁蛋糕。很简

鲜贝虾仁拼盘

美国国宾馆餐厅

单，有着美国人不摆阔、不浪费的作风。根据他们的菜肴我也制作了相应的菜肴。

这几天的工作，虽然没有多忙，但感觉很疲惫，晚上回去睡觉都觉得腿痛，脚下垫了三个枕头来缓解，很多时候出门的辛苦只有自己知道。

2010 年，新年伊始，我前往华盛顿和芝加哥两个城市工作。

很难得，我第一次在美国坐高铁，从纽约前往华盛顿。高铁上很干净，座位很宽敞，人很少，票上不标座位号，可随便坐。一路上虽然看不到什么景色，但是看着窗外飘飞的雪花也不觉得疲惫了。

纽约前往华盛顿的高铁

而在芝加哥我遇到的竟然还是一位故人，这种接连他乡遇故知的神奇经历，不由得令我对美国这片土地生出一些不一样的情愫。

工作之余，我们领略了一番芝加哥这座城市的风情。

芝加哥是美国黑人、犹太人聚居的城市，位于美国中西部密歇根湖的南部，是世界著名的国际金融中心之一，是美国高楼大厦崛起最早、数量最多、风格最新的城市，摩天大楼蔚为壮观。纵贯芝加哥市区南北的密歇根大道是最著名、最繁华的商业街，荟萃了全球著名的大商场、大酒店和大餐馆，足可与纽约曼哈顿第五大道、巴黎香榭丽舍大街、东京的银座媲美。这条大街的夜晚分外迷人，密歇根湖水倒映着岸边灯火辉煌的一座座摩天高楼，勾勒出一幅繁华都市的夜景图。不过再美的景色也只能匆匆一瞥，晚上我便乘飞机返回华盛顿。

2011 年 11 月，我又来到了夏威夷。

在夏威夷，我体验到完全不同于美国大陆的风土人情。

我住的酒店在威基基海滩西岸，打开门窗扑面而来的便是浓郁的夏威夷海湾风情。

夏威夷火山比较多，自然景色优美，拥有得天独厚的旅游资源，吸引了大量旅游者，也令这里成为多元文化汇集交融的地方。

瓦胡岛是夏威夷群岛中人口最多的岛，是夏威夷人文和经济中心，首府檀香山便位于这里。瓦胡岛有很多著名景点，如恐龙湾、威基基海滩、珍珠港等。珍珠港在“二战”中被日本偷袭轰炸，致使美国西太平洋海军主力瘫痪。为纪念“二战”日本偷袭珍珠港殉难的美军将士，美国在这里建了亚利桑那纪念馆。

白色的亚利桑那纪念馆，横跨在轮廓依稀可辨的沉没的军舰上，四周隐约可见常眠于水下的亚利桑那号残骸。该舰唯一露出水面的烟囱，锈迹斑斑，每隔数秒冒上来一滴油星，散开后成了油花漂荡在海面上，仿佛黑色的眼泪，依旧向世人诉说着当年那段惨痛的历史。

可能是由于独特的地理位置和历史原因，除了当地居民外，这里还有来自美国大陆、日

密歇根大道

芝加哥半岛饭店前留念

酒店早餐

本、葡萄牙、菲律宾、中国、朝鲜半岛等世界各个国家和地区的移民。他们及其后裔在这个岛屿上平等和谐地生活，将当地的海鲜、热带果蔬完美融合，形成了夏威夷多元化和国际化的美食。在这里不管你是喜好中餐，还是西餐、日餐、韩餐、泰式料理，或想挑战夏威夷当地特色料理，总能找到最适合你味蕾的美食。这与美国大陆刻板、单调的饮食截然不同。

这次菜品设计我也尽可能融入了夏威夷当地的美食特色。

美国是发达国家，因此市场食材非常丰富。但与之不符的却是美国的饮食文化。

这几次的到访，饮食方面美国人给我的印象是：菜品上不甚讲究精细，追求快捷方便，也不奢华，比较大众化；烹饪技术也不甚发达，厨艺与意大利、法国、西班牙等国相比水平有限。我想可能有三个原因：

第一，历史与文化的长度及深度不够，美国建国才 200 多年历史，“二战”后发展成为富

夏威夷威基基海滩

亚利桑那纪念馆

裕强国也只有六七十年时间。

第二，美国的立国精神及民族精神偏向保守务实，提倡勤劳朴实的生活方式，并形成了俭朴、实事求是的主流价值观，不浪费、不虚荣。

第三，美国没有皇室的推动和鼓励。中国、法国、意大利、西班牙甚至波斯、印度、泰国都曾经有过非常重视美食的皇家贵族，因此全国厨师会为此绞尽脑汁创造美味，必然会形成饮食文化与烹饪技艺更上一层楼的驱动力量。而美国饮食文化的形成更多受早期移民影响，并不十分追求美食，饮食粗犷而又实在。

然而，就是这样一个不讲究精细饮食的国家，却以另一种“精细”的方式——量化和标准化，令美国的快餐文化风靡全球，如今谁没有吃过汉堡、热狗、炸鸡……这些食物每一道烹饪工序都有固定和精确的配方、调料及烹饪方法。不仅如此，诸如麦当劳、肯德基，其养殖、加工、烹饪、包装、消费的过程都有十分鲜明的流水线特征，也具有非常强的一致性，即使经常在推出新的品种，很多新品种与旧品种之间也存在着很大的共性。而这背后就是工业化的影响，包括当今的诸如盒装牛奶、罐头、饼干、方便面等食物，它们以量化、标准化的方式大批量、大规模快捷生产，并快速渗透全球。也许自人类进入工业时代，“工业化”就已经成为人

煎焗牛眼肉

西雅图市场

华盛顿市场

类饮食的发展趋势之一，乃至在未来都有着巨大的影响。

今天，中国餐饮，特别是做连锁的，也逐渐顺应全球化和工业化，开始学习这种量化和标准化。只是中国传统美食文化如同我们的汉字之状物、写意、象形、传神，“妙到毫巅”，这依旧会是我们独步世界的绝技，大家在兼收并蓄之时都不应该忽视和丢弃。

餐桌的美与序——丹麦

烹制食物的每一个环节也许琐碎而普通，但是如果能够精心设计并享用，就会呈现出高格调的品质和仪式感。

美食之“精”有很多种：中国“精”在意境，追求的是色、香、味、形、趣；日本“精”在精神，精益求精带来了极大的视觉享受；美国“精”在量化和标准化，打造了符合当今时代的快节奏快餐文化。

然而，这个世界还有一种美食之“精”，别出心裁的餐桌布置，精美餐具的选择，一份享用美食的好氛围——精在用餐的态度。丹麦正是这样的一个国家，它和多数的西方国家一样，在吃的方面不像中国有着深厚的文化内涵，但对美食的态度颇为讲究，其饮食心境也让世人很是羡慕。

2012 年 6 月，我从北京直飞丹麦首都哥本哈根，踏上了我心目中的“童话王国”。

到达哥本哈根后，我们去华人餐厅用晚餐。餐厅环境很好，菜品味道也不错，价格优惠且更符合国人口味。

其实，有着“童话王国”美誉的丹麦一直是我想去的地方，《海的女儿》《拇指姑娘》《卖火柴的小女孩》……哪一个故事中国人年幼时没有读过？于是闲暇之余，我第一个游览的地方便是美人鱼雕像。站在雕像旁，看着巨大的鹅卵石上侧坐着的美人鱼，想着那个忧伤的童话故事，一向理性的我也变得有些感伤。她是那样的忧伤，那样的圣洁，她虽然没有得到王子的爱和永恒的灵魂，但她得到了来自世界各地人们的祝福。不知怎的，我还想到了珠海渔女的故事，同样是来自大海深处的美丽女孩，为爱凄美牺牲，令人唏嘘。美人鱼雕像是丹麦的象征，珠海渔女是珠海市的象征，但是二者在全世界的地位却相去甚远，有些遗憾也

美人鱼雕像

哥本哈根巨型温度计

有些无奈。

哥本哈根是一座历史悠久的港口城市，游船码头、酒吧、彩虹般的房屋组成的景致，已成为哥本哈根的名片，城区还集聚着充满童话气质的宫殿和城堡。阿美琳堡宫距美人鱼雕像不远，是女王居住的地方，由 4 座完全一样的宫殿组成。现在每当女王身在王宫时，其所在宫殿的房顶上便会升起丹麦国旗。

在市中心一栋大厦的拐角我邂逅了显示实时温度的巨型温度计，它曾是世界最大温度计。其实丹麦并非人们想象的那般寒冷，它西临北海，东挨波罗的海，是明显的海洋性气候，因此这支温度计的最高测量温度为 30℃，最低测量温度也只有 −20℃。

这里有两个很有意思的现象，一个是随处可见自行车，自行车不仅是丹麦人的出行工具，也是丹麦人的健身方式之一；另一个是女性抽烟的比例较高，丹麦出产的烟丝也非常好。

不过对于游客来说，丹麦还是一个“淘宝”的好去处，不少人都喜欢去跳蚤市场淘一些宝贝。跳蚤市场里古玩、手工艺品、书籍、生活用品……应有尽有，大多数摊主也不是以盈利为目的，只是为自己的物品寻找有缘人，价格非常便宜。此次工作中我遇到的厨师是无锡人，他就热衷收集各种古老物件，还请我到他家观赏。他家有风格各异的古钟、烛台等。

而这次菜肴的设计，我特意增加了丹麦牛角酥，也称丹麦酥，一种起酥面包，层层交叠，口感香酥，是丹麦人最喜爱的食物之一，现在世界各地都能见到这种面包，可见其魅力。我在原有的配料中加以调整，减少了油酥比例，深受大家的欢迎。

丹麦另一道风靡全球的美食则是开放式三明治，它对丹麦人来说就像盐一样不可或缺。开放式三明治最基本的原料是面包和黄油，然后人们充分发挥自己的聪明才智，任意放上自己喜欢的食材，有成百上千种搭配，加上食材相互层叠带来的视觉冲击，兼具营养和颜值。而配料中的腌三文鱼（鲑鱼）配鱼子酱、烟熏牛肉卷、冻猪手肉、蛋黄配沙拉汁等，全是最常见的丹麦小吃。有位丹麦作家曾说过：“斯堪的纳维亚人被认为是生来沉稳冷静的民族，不过当我们大吃特吃开放式三明治的时候，你就不难发现，我们也是易于激动和富有想象力的。”

这种“激动和富有想象力”还体现在丹麦人对美食的态度上。

丹麦开放式三明治

哥本哈根新港运河

在过去，丹麦的食物从周围环境中获取，原料主要是鱼、贝类、畜禽肉、奶、蔬菜、水果，制作方式比较简单，腌制和煮、烤，以食材新鲜取胜。今天许多顶级丹麦厨师已经开始返璞归真，将古老的方法与新技术相结合，开发出大量流行的新北欧美食，牛角酥和开放式三明治便是典型代表。而作为全球幸福指数超高的国家，丹麦有着全世界都艳羡的福利政策，大到小孩教育，小到免费茶水，应有尽有。丹麦的孩子，从出生到大学，无论是兴趣班还是正规教育全部由政府“埋单”。也许正是这样的“生活保障”使得丹麦人生活得悠闲惬意，追求饮食的情调，享受当下生活。

在丹麦，若被邀请到对方家中做客，一定要带鲜花去，最好先派人把鲜花送去，或带上一些非同一般的精美礼品，务必准时，这是基本原则。丹麦人非常讲究餐桌的布置和就餐环境，摇曳的烛光、美丽的鲜花和精美的餐具往往是少不了的。当地的酒吧和餐厅是丹麦人的聚会场所，每一处环境的设计或典雅，或个性，或复古……无不彰显着“情调”二字。丹麦人的祖先曾经以森林捕猎和海洋捕鱼为生，基于这样的传统，野外旅行是丹麦人的生活方式。每次到野外为了省时和便于携带、保存，丹麦人都会带上精心腌制或熏制的食物，比如鲑鱼、鲱鱼、鱼子酱或鱼排等。于优美的自然环境中，细细品味鱼肉的软滑，感受沁入味蕾的一种独到的酸甜，真是一种惬意又自然的食味。

热爱美食是人类与生俱来的“天赋”，而享受生活则是一种充满信心的力量，精致的生活体验必然带来味蕾和精神的双重超越。所以当我们谈论美食时，实则谈论的是一种态度和生活体验，而让美食具有美感和情感，应该是每一个讲究生活品质的人的追求。

纯熟灵动，融进热络生活滋味——西班牙

美食是一种源于生活的艺术，吃的感受、吃的氛围、吃的渊源与吃的文化，无一不是精雅细致的生活气息，令人食味盎然，难以忘怀。

随着时代的发展，在中国吃正变成一种时尚，人们流连在风格万变的时尚餐厅、酒吧、咖啡厅或三者结合而成的时尚空间，甚至远渡重洋，置身于异国他乡风格迥异的美食世界，成就一次次有趣又别具美感的“跨界体验”——围绕食物所发生的一切正在上演新一轮的“精化论”，与时俱进的审美和创意重新赋予了美食更多的可能。

于是，中国人强大而丰富的味蕾，自然自如地活跃在中餐与西餐之间，我们享受自身饮食的色香味形，也赏识意大利传统美味，欣赏法式烹饪之美，品味丹麦餐桌情调，感悟西班牙慢生活……不断地挖掘出西方各个国家独特的饮食文化。

我到过欧洲很多国家，没有任何一个国家如西班牙那般，在“一日五餐”的精致菜式中融进热络的生活滋味，独有西班牙式明快节奏，令饮食如西班牙人那般浪漫、奔放，焕发别样的精致风味。

2012 年 6 月，我结束丹麦的工作后飞往西班牙马德里。

到了马德里，入住酒店后我们去了一家正宗的西班牙餐厅享用晚餐，品尝了当地的美食，海鲜饭、西班牙火腿、炸鱼、西班牙冷汤及红酒。

西班牙海鲜饭，与意大利面、法国蜗牛齐名，并称为“欧洲人最喜爱的三道菜”，每粒米饭中都能够咀嚼出鲜美的海鲜味；西班牙火腿是西班牙人引以为豪的特产，它的味道咸鲜合一，入口唇齿生香；炸鱼取材最新鲜的海鱼，一口下去，香鲜酥嫩，非常美味；西班牙冷汤食

西班牙海鲜饭

格兰维亚大道街景

材丰富，有着完美的营养组合，口感富有层次感。

晚餐后我们前往马德里市中心的格兰维亚大道、太阳门广场、马约尔广场，由于时间有限，大多也只是匆匆而过。在皇家马德里主场伯纳乌足球场我们还偶遇了一家中餐馆的老板，他是浙江青田人，见到我们非常热情，主动请我们喝啤酒。这家餐馆是马德里最高档的一家中餐馆，设有贵宾包厢，可以边品尝美食边看球赛。只是我第二天就要走，没能赶上球赛，要不然这绝对是此行最为独特的体验。

第二天早餐后，我们前往特内里费岛。该岛屿虽然是旅游名岛，但华人较少，中餐食材也少，我们便带了一些中餐调料、蔬菜及其他一些物品。

我们入住的酒店

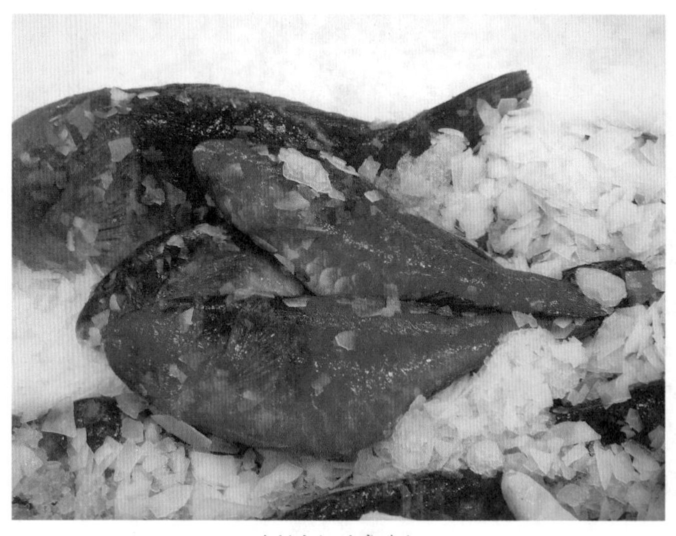

海鲜市场的鹰嘴鱼

到达后，简单安排了一下，下午我们去了当地市场。市场里食材很丰富，特别是海鲜，有红虾、鹰嘴鱼、龙利鱼、扇贝等，而且品质非常好，我们一站式购齐食材。在制作菜肴时我充分利用这些当地食材，还做了一道㸆大虾。㸆大虾色彩艳丽，虾肉紧致细腻，最吸引人的就是虾的鲜甜与浓浓的虾味。中式㸆虾，烹饪时间不宜过长，虾熟就可以，虾脑的汁浓郁，最大限度保留了红虾本身汁多鲜嫩的特点。

而在酒店，我则品尝到了大名鼎鼎的伊比利亚火腿，这是酒店方特意请我们品尝的。伊比利亚火腿是西班牙人对美食的最大贡献，也是最具代表的西班牙美食之一。它用西班牙特有的、绿色养殖的黑毛猪后腿肉进行传统腌制而成，肉色红亮，馨香扑鼻，鲜甜醇厚，瘦而不

现切伊比利亚火腿

西班牙火腿专售

柴，肥而不腻。

接下来两天，我抽空到市区观览了一番。特内里费岛靠近非洲海岸，是加那利群岛 7 个岛屿中最大的一个，是世界有名的旅游胜地。在这里，每一个游客都可以拥有美好的海滩假期，并有机会探索世界遗产、火山坑，邂逅各种野生动物。市区林立着很多酒店、酒吧、商场，交通非常便利。

从马德里到特内里费岛，这次的西班牙之行虽然时间不长，但对我来说却是非常难得的一次美食之旅，尽情品尝了西班牙的美味。

或许有人会觉得相较于西班牙的邻居法国和意大利而言，西班牙菜不够专业，甚至有点类似于市井饮食，但在我眼里每一道西班牙菜式都可以用精品来形容，西班牙饮食更是融入了当地人的生活特色和情调，这是它最吸引人的地方。

西班牙人的“慵懒”是世界有名的，一年中至少有150天在放假，每星期平均只上4天班，几乎每个城市都有一条专供黄昏散步用的街道。西班牙人悠闲地过着自己的“慢生活”。然而西班牙人却热情、浪漫、奔放、好客、富有幽默感，他们对足球、登山等户外活动情有独钟，他们爱生活也懂得享受生活。

一方水土一方饮食文化，也许正是这样的一种“散漫”和“好动”，造就了西班牙独特的饮食文化。他们不仅吃得多，更是吃得精。

与中国的“一日三餐”不一样，西班牙流行的是“一日五餐”：清晨六七点的早餐，十点半开始的早午餐，下午两三点的正式午餐，晚上六七点的咖啡甜点时间，晚上九点开始的晚餐——可以说，西班牙人一整天都是在吃中度过的。

而对吃他们从不随便：正餐一定包含前菜、主食、甜点和餐后酒，这是雷打不动的程序；吃海鲜必须要吃活的，海鲜饭的来源据说是早期渔民为了不浪费食物，将当日卖不完的海鲜和饭加上香料慢慢焖出来的简易料理；他们会花费很多时间和精力研究、创新小吃，制作材料可以是畜禽肉类、海鲜、果蔬，种类繁多，变化多样，随时有创新花样出现，充分展现享受美食的创作热情。他们爱聚会，喜欢夜生活，下班后三三两两钻进小餐吧，边谈天边慢悠悠地咀嚼美食一直到午夜时分……

精致到生活里，才是美食最佳的精致主义。在西班牙人看来，于美食、美酒中度过悠闲的时光，没有什么比这更惬意了。据说，西班牙人均所占的餐馆、酒吧数量超过世界任何一个国家，遍地的酒吧、餐馆让西班牙人能随时随地地享用美食。

也许今天中国人的生活节奏很快，但是随着国家的富裕、人民素质的提高，很多人也开始重视生活品质的改善。真希望每一个中国人都能闲庭信步、淡定前行，过着自己想要的生活，有着自己独特的节奏，享受生活，而不是被生活推着往前走。

食材小传 · 西班牙红虾

西班牙红虾，纯深海野生，颜色红艳如玛瑙，除了外形诱人，质感饱满，味道鲜甜，其虾头中虾脑多而红，极具营养，是制作汤汁的极品食材。

技法小结 西班牙冷汤

西班牙冷汤基本食材有番茄、洋葱、大蒜、橄榄油、黄甜椒、黄瓜、青葱、鲜罗勒、红辣椒酱、柠檬汁等，可放些全麦面包搅入，搅拌成汁，冷藏后即可享用。有点类似鲜榨蔬菜汁，有着完美的营养组合，可以搭配一些熟海鲜，口感丰富，营养健康。

西班牙海鲜饭

西班牙海鲜饭，必须采用新鲜的海鲜，如虾仁、蛤蜊、鱿鱼头等，用名贵香料藏红花、橄榄油等加大米焖制。

第九章

美，饮食文化中的美学传承

当美的灵魂与美的外表和谐地融为一体，人们就会看到，这是世上最完善的美。

——古希腊哲学家柏拉图

美食之美，除却美食本身的色形味，更在于其丰厚的文化积淀、鲜明的民族个性及在旺盛的生命力中寻找到的与乐、景、器、仪式等相融合的美学意蕴。当美食品相与内涵融合在一起，也会是世上最完善的、最沁人心脾的美。

雅致，美食与音乐的异曲同工之妙——奥地利

美食与音乐，是一场味蕾与听觉的互通，二者相遇能够产生神奇的物理变化和化学反应，演绎出清新雅致的食韵之美。

“钟鸣鼎食”，虽然用来形容权贵的豪奢排场，但也“还原”了几千年前中国富裕阶层的饮食盛况：吃着用象征着权势的鼎盛装的食物，在享用之时奏乐鸣钟，歌舞助兴。于是，玉盘珍馐，引商刻羽，一边喂饱肚子，一边喂饱耳朵，一半顺应本能，一半释放感性，上演着一场其味无穷的美食盛宴。

美食与音乐，对人类来说有着审美共性——一个是身体的本能，一个是精神的本能，即使厨艺不精，即使五音不全，只要五官俱全就能够发现它们的美。今天，琳琅满目的音乐餐厅，大大小小的派对、宴饮，无不在诉说着美食和音乐碰撞出的绝伦故事，美食美乐相融合的审美精髓已经深入人类的记忆和灵魂。

而到了奥地利，这个拥有音乐、歌剧，由无数文人雅士造就浓厚艺术氛围的国家，真正懂得艺术奥妙的人，一定会扬起嘴角眯起眼睛，用心感悟当地精致典雅的心灵生活。

2011 年 10 月，我有幸前往奥地利首都维也纳工作。其实早在 2004 年，我已经来过这里，其美食、音乐一直令我回味。

到达维也纳，安排好住宿，我们去华人餐厅吃晚餐。餐厅老板是广东人，来奥地利已经 30 年。过去华人到世界各国靠手艺吃饭，有所谓的“三把刀”——菜刀、剪刀和剃头刀。很多人也凭借着这“三把刀”特别是菜刀创下了一份基业。但是餐厅老板却颇有些无奈地对我们说，因为物价上涨，当地家庭开始理性消费，中餐生意明显下滑。而他们的下

一代基本生于当地、长于当地，由于做餐饮辛苦，很多人并不想子承父业。出现这样断层的现象令人惋惜、无奈。华人在中国饮食文化的传承和弘扬上有着重要的作用，是他们运用自己的勤劳和智慧将中国饮食文化传播到世界各地，真心希望他们能够改变陈旧的经营方式，后继有人。

晚上下了一夜的小雨，第二天早晨我去散步，整条街道冷冷清清，透着秋天特有的萧索和凉意。这一天事情比较少，我们有空便去了市区。

漫步在维也纳的大街上，随处可见大音乐家的雕像，随处都能听到来自街头演奏家或阳台上的家庭小乐队所演奏出来的美妙乐曲。市区许多的街道、公园、剧院、会议大厅等也均以音乐家的名字命名，歌剧院、音乐厅星罗棋布——这是一个到处都在歌唱和聆听的城市。到达市中心，我们登上融合了哥特式和巴洛克风格的圣斯特凡大教堂，维也纳的美景尽收眼底。

维也纳街景

当然，这里不仅是“音乐之都”，美食也让人回味无穷。由于奥地利位于欧洲中部，是中欧大陆从南到北、从西到东的交通枢纽，欧洲各国饮食文化在这里交融，形成了奥地利独特的美食及文化。

奥地利人很注重菜肴的营养成分，口味一般偏重，喜欢咸味、辣味、甜味。其中烤排骨最适合中国人的口味，精选上好的猪肋排，加上秘制调料腌味，经耐心的烤制，肉质鲜香、味浓，吃时配上烤土豆、酸菜沙拉，极其诱人。而姹紫嫣红的甜点是奥地利美食的点睛之笔。如苹果卷是皇家甜品的经典之作，酥香软甜，微酸可口，有独特的风味；手工制作的莫扎特巧克力，但凡品尝过的人，无不称赞……看着这些精致、丰富、赏心悦目的甜点，情不自禁想对其中的制作技巧讨教一番。

当地市场食材非常丰富，且因其优越的生态环境，食材品质非常有保障。这里没有唐人街（唐人街已经成为华人的地标，世界上绝大多数国家都有唐人街，除了俄罗斯、蒙古、德国、瑞士、奥地利、朝鲜等），奥地利政府不允许任何国家的人再开发一条自己国家的街道。不过有几家华人超市，经营着一些南北干货、海鲜、中餐调味品及一些中国蔬菜。

中午我们在一家当地餐馆吃午餐，点了奶油南瓜汤、炸猪排、红烩鹿肉、煎三文鱼，都是这里的特色菜，味道适口。奶油南瓜汤做得非常好，在汤面上放了一些南瓜油和南瓜子仁，味道浓郁，香醇可口。

随后，维也纳工作完成，我们开车前往另一个城市萨尔茨堡。途中休息时，大家在一起吃午餐，我点了一道煎鹿扒，菜品非常好，肉质细嫩，没有异味。因此，这次我也用当地鹿肉做了一道水煮鹿肉，口感柔嫩，微辣鲜香。

到达萨尔茨堡，我们住进萨尔茨堡施洛斯福斯赫度假酒店。酒店是个老式建筑，坐落在富施尔湖旁，湖边有几栋小别墅，我们的房间便在这里。走到房间的阳台边，映入眼帘的便是层林尽染的湖光山色，仿若一幅画定格在那里。

奶油南瓜汤

奥地利美食

萨尔茨堡施洛斯福斯赫度假酒店

其实电影《音乐之声》已经将风景秀丽的萨尔茨堡介绍给了全世界。

萨尔茨堡位于奥地利的西部，是阿尔卑斯山脉的门庭，也是奥地利历史最悠久的城市。中世纪欧洲风貌的老街——粮食胡同，古朴典雅、繁华浪漫；复古华丽的萨尔茨堡大教堂，拥有浓郁的巴洛克风格，是阿尔卑斯山北部地区早期巴洛克建筑风格的典范；地标性建筑萨尔茨堡城堡，宏伟壮观，是欧洲较大的中世纪城堡之一；在被称为“舞蹈家楼房”的莫扎特故居，可以近距离感受音乐大师曾经的浪漫生活……整座城区建筑风格、人文艺术与阿尔卑斯山秀丽风光浑然一体，使萨尔茨堡享誉世界。

萨尔茨堡的工作结束后，我们回到维也纳，闲暇之余还有幸去维也纳金色大厅看了一场演出。

金色大厅是维也纳音乐生活的支点，整体建筑从屋顶到楼梯，从水晶吊灯到门的把手，入眼满满的金色，置身其中，仿若掉入一个如梦如幻、金碧辉煌的仙境，美不胜收。此次观看演出也为我的奥地利之行画上了一个完美的句号。

在奥地利你会发现，这个国家不管山水还是当地人的生活，在音乐的浸染和烘托下都透露着一种独特的优雅之美。出于职业的敏感性，其实我更愿意将奥地利称为：一个有着

维也纳金色大厅

音乐灵魂的美食之地。

音乐对饮食的影响有着科学依据：音乐能放松情绪，而轻松的情绪又能作用于人的下丘脑，从而促进食欲。比如莫扎特《D 大调双钢琴奏鸣曲》就被科学家证明是提升情绪的一首经典曲目。此外，旋律优美、节奏舒缓的音乐能增加肠胃蠕动和消化腺体的分泌，有助消化。

而奥地利人，不仅生活在音乐之中，更是以一颗创作音乐、欣赏音乐之心去烹制美食，加之奥地利当地饮食文化多源自皇室贵族，又吸收了周边国家的美食精髓，饮食本身早已被注入了不俗的精神内涵，这令奥地利美食呈现出一种独到的雅致之美。品味这里的美食，你会不自觉地涤荡掉日常生活的喧嚣浮躁，升起一种文人雅士的优雅风范。

今天很多人都已经注意到味蕾与听觉互通的美妙感受，不少餐厅都加入了音乐元素，为美食注入音符的魅力，甚至引入有乐有舞的宴饮文化，如一些餐厅设有才艺表演，一些酒吧有驻唱歌手。但是我觉得这不应是一种营销噱头，而要懂得选取适合的音乐打造风格，让音乐和美食成为一种自然而然生发于内心的精神享受。

技法小结 苹果卷

苹果卷是奥地利皇家甜品的经典之作，选用质地偏硬、口感偏酸的新鲜苹果，切片加黄油炒，熬出一部分水分，加入肉桂粉，配以葡萄干，裹入很薄的面包皮中，卷起烤制而成，酥香软甜，微酸可口，有独特的风味。

点缀，美景美食相得益彰——印度尼西亚

一道经过厨者不断淬炼、满含心意的美食，自有一番值得为它寻味世界的风味。

我们是通过什么快速认识一个陌生国家的？当地美食，美食是我们深入体验当地人文风情的绝佳入口；我们是如何形容自然景色之美的？秀色可餐，美好的景致好像可以当饭吃。很多人也都说，世间唯有美食与美景不可辜负。

身在一个美食文化盛行的国家，中国人对美食的热情是其他国家难以企及的，美食在旅行决策和整个行程中也扮演着越来越重要的角色，每一次出游享受美景之时必然少不了味蕾的体验。而每个地方由于自身的地理位置、独特的人文环境，又构成了其特有的美食文化，吸引着世界各地食客，自然而然，美食也成为一个国家、地区特别是以旅游产业为主导的国家，向世界展示自身风情魅力的窗口。

印度尼西亚便是这样的一个国家。在印度尼西亚，美食点缀了当地人的生活，也点缀了当地的旅游业。

我曾在 2005 年和 2015 年两次去印度尼西亚参加随访工作，虽然当地的社会环境给我的印象不是很好，但是不得不承认，这里的风光和美食的魅力很大，吸引了来自世界各地的游客。

第一次到访印度尼西亚，到达雅加达时正好是午餐时间，去酒店的路上我们便找了当地的一家餐厅，品尝了一下印度尼西亚菜。印度尼西亚菜和东南亚其他国家的菜品基本相似，印度尼西亚人喜欢咖喱的香味，菜肴中香料味比较重，但是与马来西亚菜相比，印度尼西亚菜不那么辣，我比较能接受。只是有点遗憾，由于脑供血不足，血压有点高，一路上昏沉沉的，再好吃的食物也不觉得香。

酒店的中餐厨师是香港人，非常热情好客，还做了几个香港菜让我品尝，有生焗鱼、港式

印度尼西亚风味咖喱黄鱼　　酒店自助餐菜品

青芥焗银鳕鱼

雅加达市场一角

印度尼西亚风味椰粉炸鸡

烧肉等。

这次工作结束后，我利用剩余的一点时间参观了雅加达的一些景点，十分有趣。市中心雅加达独立清真寺和雅加达大教堂相对而立，据说遇到重大活动时，教堂与清真寺之间还会互相帮忙——这种和平、和谐的氛围，令人十分动容。随后，我在市中心一家有着东南亚艺术风格的餐厅品尝印度尼西亚美食，有美味的巴东饭、沙嗲酱、椰粉炸鸡……这一天、这一切都成了我这次印度尼西亚之行的珍贵记忆。

时隔 10 年，我第二次踏上印度尼西亚这片土地。

印度尼西亚是一个发展中国家，与 10 年前相比，雅加达这座城市更具浓烈的“发展印迹”——传统与现代，贫穷与富裕对比强烈。一眼望去，随处可见低矮的瓦屋夹杂在林立的高楼大厦之间，柏油大道与青石小道交叉纵横，嘈杂的村庄就在城市的不远处。这里的交通十分拥堵，小公共汽车都不关门，甚至有的都没有门。工薪阶层骑着摩托车混杂于车流之中，他们的骑术一流，和汽车之间的配合也很默契，相互礼让，很少发生交通事故，如果发生事故汽车要负主要责任，一般的划痕也都不当回事。这样的景象对外国游客来说也算是奇观了。

第二天晚上，我们去海边的一家餐厅品尝海鲜。我们点了一些鱼和虾，都是鲜活的，大多

雅加达街景

海边的海鲜大排档

酒店认真准备美食的厨师

采用广式做法，旨在尝鲜。在我们的邻桌，一群印度尼西亚年轻人正在聚会，有几个像是华裔后代，和当地人一般手抓式进食。

接下来几天，我大多在酒店用餐。酒店自助餐很有当地特色，如炸龙虾片，味道很好，虾味浓而鲜；沙嗲酱色泽偏黄，质地细腻，辛辣味突出，咸味浓，略带甜味，开胃消食。

雅加达的工作完成，我们前往万隆。到达万隆，我一头钻进厨房开始备餐，一直忙到了睡前。

第二天凌晨 4 点多，我被外面的音乐声吵醒，睡不着便走出饭店。原来这里在举行万隆会议周年庆活动，这被印度尼西亚当地人当作一个隆重的节日，人人沉浸在一片祥和喜悦的氛围中。因这个特殊的日子，此次的印度尼西亚之行，也为我的厨师生涯留下了一份最为珍贵、最为独特的意义和记忆，至今提起印度尼西亚，我的内心依然有种不一样的情愫在涌动。

当然，对很多国人来说印度尼西亚令人难忘的是它的海天风光。印度尼西亚拥有“千岛之国”“火山之国”“南洋翡翠”的美称，当地热带风光确实迷人，行走其间，你可以真切地感受到印度尼西亚最原始、最亲近大自然的美。不过最吸引我的还是当地美食。

这里土地肥沃，植物四季常青，孕育了各种优质食材，当地市场各种蔬菜、热带水果极其丰富，水产品和畜禽肉类新鲜，自然而然地孕育出了独特的美食风味：杂拌什锦菜，用新鲜的高丽菜、小黄瓜、豆芽，加上蛋、油、豆腐、虾片，淋上微辣的花生酱汁，清爽开胃；印度尼西亚特有的土鸡，个儿小肉鲜，配上油炸椰浆木薯粉，蘸上辣椒虾酱，余味无穷；巴东牛肉，

万隆独立大厦

将牛肉粒拍成薄片然后再焖煮，调入香茅、橘子叶、南姜、洋葱、香叶、辣椒、咖喱等，香嫩无比……虽然菜肴整体口味略重，但是经胡椒、丁香、豆蔻、咖喱等各种香料或酱汁调制后质稠香浓让人难挡其诱惑。

今天，印度尼西亚因旅游业的发展，饮食也趋向国际化。在雅加达，中国、越南、泰国、日本、印度等世界各国、各地区的风味菜肴应有尽有。由于自然环境优越，所以当地很多餐厅都是露天开放式的，与自然一体，而自然就是印度尼西亚人最佳的饮食环境。在自然中品味美食，每一种味道都夹有自然的气息，没有比这更美、更让人放松的了。

因此，对于很多人来说，去印度尼西亚不仅是一次探寻美景的旅程，也是一次探索美味的旅程。

没有美食的美景缺少一份人间趣味，没有美景的美食缺少一份天地灵气，有的时候真不知道是美食点缀了美景，还是美景点缀了美食，只知道美食与美景共同演绎了旅行之美，有生之年，我真希望能够抛开工作，全然放松身心于这美好天地间来一次这样的寻味之旅。

食材小传 印度尼西亚燕窝

燕窝是印度尼西亚的特产，年产量占全世界的 80%，被印度尼西亚奉为国宝，也是作为国礼馈赠各国政要的首选。燕窝是金丝燕及多种同属燕类用唾液与绒羽等混合凝结筑成的巢窝，因采集时间不同分为白燕、毛燕、血燕，营养较高，含 50% 蛋白质、30% 糖类和一些矿物质，是传统名贵食品之一 。

奇异，“双面”复杂美感——菲律宾

美食是一种历史传承，也是一种时代创新，当原始与现代在一种独有的人文环境中碰撞，你便会感受到一种时空交错的奇异之美。

民以食为天，一直以来食物都是世界各地文化的重要组成部分，不同地区的人有着不同的饮食文化和不同的口味，而其中总有着一些特殊的菜式，使用了一些奇特的材料和特殊制作方法，成为饮食界的一道奇异风景。

比如我们在网上见到的“全球最奇特的食物”，它们既挑战我们的味蕾，也挑战我们的心理承受能力。如菲律宾的鸭仔蛋便时常上榜，加上树虫（长得极像我们常见的鼻涕虫，其实是一种海鲜），菲律宾饮食也因此给很多人留下了“恐怖”的印象。

其实在我看来，这些菜肴不过是一种当地文化的独特呈现，很多人对此不理解，会感到恐惧，是因为所处环境和文化氛围的不同。每一道菜肴的诞生，都有着传承和属于它自己的故事，对于一名厨者而言，了解其背后的故事比了解这些菜肴本身的奇特更有启发性。

而菲律宾的饮食的确给我一种很奇异的感觉，但这种感觉却并非出自猎奇者所挑战的那些有趣的食物，而是源于菲律宾原始与现代相交融所带来的一种奇异之美。

当地厢式吉普车

2015 年 11 月，我飞往菲律宾首都马尼拉。

出机场去饭店的路上，我见到菲律宾独特的公交车——吉普尼，一种带车篷的厢式吉普车，车身被涂上艳丽的色彩，车厢设置两排座椅。这种吉普车是“二战”时期美国士兵在菲律宾时使用的交通工具，美国人走后便留下了这批吉普车。现在这不但成了当地的公交车，也成了马尼拉这座城市的一道风景线，也是一段历史的见证。

在我看来，马尼拉是一个带有“魔幻主义”的混搭城市，你既可以看到宽阔的街道、广场及现代化的摩天大楼、商业中心，超出你对东南亚城市的想象，又会突然误入路窄车多的小街小巷，体会到菲律宾的原生态和简朴。西方、东方，现代、原始的交融，让这里富有双面的复杂美感，并影响了当地的饮食文化。比如我们在饭店的自助餐中看到的一些当地的美食，有用糯米制作的各色点心，传统精美，香甜软糯；炸香蕉、蒸香蕉，做法奇特、多样，口感多变；来自中国的春卷，则用洋葱、辣椒、醋、蒜蓉酱等调和，风味独特……不论是材料还是成色、口味、吃法，令人感到新奇，耳目一新。

这次工作，要求我们到一家医院进行体检，其实我们从事餐饮行业的人在国内也必须每年体检，要有健康证才能上岗。体检结束后，随同人员买了一些早餐，以香肠和蛋黄为馅的大叉烧包，以纯正鸡汤搭配面条而成的鸡汤面，味道还不错，东南亚饮食基本都受广式风味的影响。

马尼拉世纪公园饭店

饭店自助餐中用糯米制作的点心

菲律宾食材市场

饭店“专用”厨房的灶台

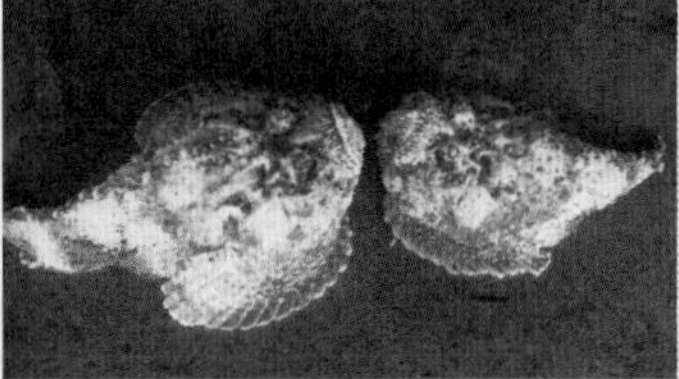

石头鱼

翠汁煮三鲜

而当地的市场食材极其丰富，特别是海鲜品种繁多，鲜活龙虾、鲍鱼、石斑鱼、富贵虾等都有。在海鲜食材市场还有好几家餐馆，可以现场加工品尝。

受市场启发，我在菜单上安排了酸汤石头鱼、清蒸富贵虾等菜肴。石头鱼，顾名思义是一种长相如石头一般的鱼，躲在海底或礁石下，如果不动很难被发现。它虽然长相不好，但肉质鲜嫩，没有细刺，营养价值很高，只是鱼鳍带有毒性，加工时要特别注意。清蒸富贵虾的主要食材是大的濑尿虾，也就是虾爬子，有的也叫泰国富贵虾，带虾黄，营养丰富，极易消化，能很好地保护心血管系统，去壳清蒸，肉质松软，鲜味十足。

晚餐后，我们本想去饭店附近的海边走走，因语言不通，方向错误，一个多小时也没能走到海边，只好返回饭店。第二天晚餐后我们特意问了饭店厨师，这次终于成功到达海边。一到海边，水天一色，凉风习习，让人沉醉其中。

一直以来菲律宾的美食都掩藏在东南亚的菜式当中，但是当你来到菲律宾见识、品尝了当地美食，你就会发现这里的菜式与泰国菜、马来西亚菜等有着明显的不同。

不像印度菜、马来西亚菜那般喜欢使用香料，菲律宾菜香辛味较淡。加之菲律宾曾为西班牙殖民地，传统的菲律宾风味混合了少许的西班牙风格，菲律宾菜肴新鲜美味、香浓多汁、色

酒店风味甜品

彩缤纷。而当地人更是发挥自己的聪明才智，将甜、酸、咸口味大胆组合，处处透露着一种奇异风味。

比如阿斗波（Adobo），它本是一道西班牙风味的炖肉，但是菲律宾人发现用醋、盐、大蒜、胡椒、酱油和其他香料烹饪肉类是个不用冰箱也能保存肉类的好方法，于是在制作工序中增加了一道腌制程序，整个菜肴经此一改良，口味独特，现在已然成为菲律宾国菜。菲律宾人更是充分利用当地丰盛的食材，创新各种阿斗波配方，除了常见的猪肉、鸡肉，其他的肉类、海鲜、蔬菜都可以做阿斗波，颇具魔幻色彩。

菲律宾传统饮食方式是用双手抓，虽地处东南亚，但是受西方影响，菲律宾人往往使用刀、叉、勺，但又与西方不同，主要使用的是勺子和叉子，而不是刀、叉。

所以在菲律宾，从传统及匪夷所思的街头小吃到花样繁多的精美糯米点心，从融入当地食材的外来菜肴到独创的吃法和特别的就餐方式，再辅以蓝天碧海的大环境，确实是一种独特而复杂的饮食体验。

其实人类的饮食文化是有生命的，它会随着社会的发展发生变革，从而呈现出一段独特的发展印迹，并具备一份独特的“演化”之美。作为厨者，我们虽然身处于不同的社会环境，从小接受不同的饮食文化熏陶，但却不能有任何的偏见，要学会包容和欣赏，拓展自己的审美体验，真正去领悟饮食于生活、于社会的意义，这对厨艺、厨德会大有裨益。

技法小结 茄辣石头鱼汤

茄辣石头鱼汤，用鲜番茄加海南黄椒和鱼骨煮汤，石头鱼肉另汆好放入，绵软滑爽、鲜嫩清香，菜品微酸辣，鲜美又开胃。

仪式，美在时间和转化——埃及

仪式是人类一种高贵的“行为艺术”，始于信仰，融于生活，饮食中的仪式可以传递出深刻的人文之美。

《诗经》中的《小雅·楚茨》曰：“神嗜饮食。”人类文化在轴心时代[①]即哲学思想产生之前，是由“神”主宰的“感性世界”，人类主要通过献祭食物的方式、仪式，在与“神”的沟通、交流和神的护佑中生存、发展。

随着人类哲学思想的产生、发展及科学技术的进步，人类已经学会了以更为理性的方式来看待“神”，逐渐步入“理性世界”，但是曾经的仪式却被沿袭下来，并在时间长河中历经涤荡、改造，它包含了伦理、风俗、个人信仰等多方面的精神内涵和审美意韵，在整个人类的饮食文化中占据着不可或缺的重要地位。

古埃及是四大文明古国之一，曾经辉煌神秘的历史和今天当地人的伊斯兰信仰，让埃及这个国度蒙上一层神秘的面纱，也令埃及饮食文化焕发出独有的一种充满仪式感的虔诚之力、神圣之美。

2006 年 1 月，我接到工作任务，前往埃及首都开罗。

在开罗，我入住的酒店位置非常不错，窗外就是尼罗河，对面是繁华的街道和居民区。由

① 轴心时代：是德国思想家卡尔·雅斯贝尔斯在《历史的起源与目标》一书中明确提出的一个跨文化研究的概念，用以指公元前500年前后或公元前800年至公元前200年间同时出现在中国、西方和印度等地区的文化突破现象。在这个时期出现了一大批伟大的思想家，中国有孔子、老子，古希腊有苏格拉底、柏拉图、亚里士多德，以色列有犹太教的先知们，古印度有释迦牟尼等。

于在飞机上没有休息好，到达酒店的当晚我睡得很香甜，但是第二天一早便被一阵从喇叭中传来的声音吵醒了。喇叭中播放的是一段非常独特的人声吟诵的长调，于静谧的早晨散发出一股莫名的悠远的神圣韵味，这是伊斯兰教的宣礼声。

我已无睡意，来埃及的第二天就在这悠远的喇叭声中开始了。我去酒店餐厅吃早餐，由于酒店用餐的客人少，品种也很少，我选了鸡蛋、蔬菜沙拉和一杯酸奶，这也是酒店早餐最基本的食物。

早餐后，我去酒店进行沟通，并调整好菜单，然后去了当地的市场采购食材。这里的物品种类比较丰富，且很多是进口产品，遗憾的是并没有发现特别的食材，不过这次市场之行却让我对开罗的风土人情有了一次直观的感受。

开罗横跨尼罗河，是世界上最古老的城市之一，也是非洲及阿拉伯世界最大的城市，大大小小的清真寺的拱顶，鳞次栉比的高大建筑，纵横交错，街上人头攒动，游客、当地人混杂成行，既有浓郁的生活气息，也有着旅游城市特有的人情风貌。但是这里贫富差距较大，穷人相

中国驻埃及大使馆

窗外的城市景观

开罗市场

酒店烤阿拉伯饼炉灶

对多些，大街上经常有人在讨要施舍，其中妇女带着孩子的比较多。为了保证穷人可以吃上一些廉价食物，比如阿拉伯饼，当地政府予以补贴，售价远低于面粉价格，一元就可以买 10 个。

其间，有些空闲时间，我们去看了金字塔。

金字塔对任何人来说都不陌生，但是亲眼“见证”远比书籍、影像更为震撼。当在沙土飞扬的沙漠里看见金字塔的那一刻，我觉得有点梦幻，仿佛走进了一个神秘且遥不可及的地方，眼前不自觉地浮现出几千年前那段恢宏的历史。曾经的辉煌与眼前疮痍荒凉的景象重叠，悠悠天地之间，我的心中有些许怆然。也许是因为在埃及待了几天，吃着这里的饭，喝着尼罗河的水，看着开罗的街景，我也受到了一些感染吧。

我们还参观了埃及博物馆。埃及博物馆是一座新古典主义风格的古老而豪华的双层建筑物，在蓝天白云的衬托下，分外耀眼。步入博物馆，最吸引我的是这里精彩的浮雕和壁画，画

埃及金字塔

四季酒店外的尼罗河风光

中有充满生气的生活情景：唾手可得的丰收果实，法老贵族的丰盛大餐，牛耕马运的忙碌场景……近距离地观摩着这些浮雕壁画，几千年前古埃及人的生活气息扑面而来。

当然，最让我惊喜的是这里的美食。饭店自助餐品种多且别具一格，西式菜肴完美融入埃及风味，阿拉伯饼现场制作，素食及甜点花样繁多。

烤肉是这里的特色。烤肉在埃及非常受欢迎，除了烤羊肉，还有烤鸡肉、烤牛肉、烤鸽子，采用炭火烤，辅以香菜、胡椒等调料。烤鸽子做法比较独特，鸽子体内塞满用青麦子、大米、香料及碎羊肝拌好的配料，再放置在炭火上烤，烤熟后连肉带馅一起吃，香酥味美，是很受欢迎的一道埃及传统名菜。

这次我也制作了阿拉伯饼、烤鸽子等埃及传统美味，并用当地羊肉做了一道煎焗羊排。埃及羊肉品质非常好，我选法切羊排，用料酒、盐、糖、洋葱蓉、蒜蓉、蒜蓉辣椒、孜然碎、番茄酱、鸡蛋、淀粉将羊排腌渍入味，然后煎至两面上色，最后再焗一下，这样煎焗羊排便做好了。味道不错，微辣鲜香，看着美味经我的双手制作出来，身为厨者的成就感也油然而生。

酒店的埃及烤鸽子

酒店的煎焗羊排

这次的埃及之行，也让我对埃及的饮食文化和历史有了更深入的了解。

古埃及虽然与中国同列为四大文明古国，但并非如中国那般文化几千年来一脉相承。古埃及文明在阿拉伯人入侵后就消亡了，如今古埃及的象形文字只有考古学家认识。但是浮雕和壁画却很好地再现了古埃及人的生活情景及当时的饮食文化。

古埃及饮食文化涵盖时间超过 3000 年，直到希腊罗马时代为止。在古埃及，一日两餐，主食都是面包配啤酒，佐以绿芽洋葱和其他蔬菜，并搭配少量的肉类、野味和鱼类。

今天，埃及饮食风格因其国家的社会历史结构变化而受到叙利亚、黎巴嫩、土耳其、希腊、巴勒斯坦和其他地中海国家影响，但不失特色：食品制作带有浓郁的北非色彩和阿拉伯风情，比如阿拉伯饼，是在面粉中添加蜂蜜、维生素、调味料等发酵的面饼，深受各阶层人士欢迎；烹饪原料选用大米、黄豆、羊肉、禽肉、鸡蛋，还有大量食用奶酪，也常用蔬菜制作菜肴，沿海地区流行用鱼制作佳肴……

翡翠三鲜猫耳朵

也许，从古时的一日两餐，到今天的一日三餐，从少量蔬菜、肉类到今天丰富多样的食材，从古老的神明信仰到今天的伊斯兰信仰，埃及的饮食已经发生了变革，但是仪式感却并没有因时间而褪色。

按照古埃及壁画作品的描述，古埃及人的宴会仪式感非常强，宴会上会提供洗手盆，并点燃各种精油或香脂以愉悦宾客或驱赶蚊虫。在宴会上会分发莲花和花环，职业舞者和演奏竖琴、琉特琴、鼓、铃鼓和拍板的乐师则为宴会助兴，女神哈托尔常常成为在酒席间敬祝的对象。而今天埃及人依旧很重视宴会的仪式。如婚宴，成婚手续完成后，就会摆上宴席，并叫上乐队助兴。他们还有饭后洗手、饮茶聊天的习惯。

这种日常饮食的“仪式镜像”，蕴藏的是埃及文化深处的文化密码和文化图景，是一个民族的文化传统、价值信仰、审美情趣的展现。而这对我们厨者的启示是：我们需要对普通人的人生价值和生活信仰保持礼赞，让人体会到美食背后强大的人文之美和对共同价值的一种深刻认同。

第十章

情，方寸之间格物守心

凡事不可苟且，而于饮食尤甚。

——袁枚《随园食单》

饮食有温度，有情感，中国人对美食的理解，是形而上的，不管古时候的文人骚客，还是现当代的作家诗人，对食物的描写都集中于人的感情，对中国人来说吃的不是食物，而是人生百态。而对一个厨者来说，创作的每一道菜肴都可以蕴含一份情感、一种力量，那都会是无法复制的经典。

靠进口和种植的"故乡情"——马里/塞内加尔/坦桑尼亚

对于厨师来说，厨房的秘密是一生的财富；对于普通人来说，厨房的秘密与童年、记忆、感情紧密相连，是一生的回味。

中国人常说：人生有"三难"，乡音难改，个性难移，口味难变。家乡是我们从小生活的地方，生于斯长于斯，自然便会产生难以割舍的感情，而最能体现故乡情的莫过于家乡菜了，因此人们用"好吃不过家乡菜，最浓还是故乡情"来表达对故乡的留恋。

而对我们长期在外工作的人来说，故乡不是一个地方，而是整个中国，我们在异国他乡制作美食，也是在讲述一个国家的味道故事；对于华人华侨，故乡不仅仅是一个国家，而是根植于灵魂深处的中华民族文化基因，他们把当地菜品口味融入中国传统菜式，烹饪的是融于血脉的一种中国情。

随着中国国际地位的提升，中国饮食文化的传播和壮大，在大多数国家，每一个中国人都可以在华人餐厅中一解思乡之情，探寻国外的中国味也成为国人旅游的一大乐事，并因此感到自豪。

2009 年 2 月，我接到工作任务，按照行程先是来到了马里首都巴马科。

巴马科是西非最热的城市，尼日尔河从城中穿过，一年中几乎没有四季的变化，只有旱季和雨季之别。而马里是联合国公布的世界最不发达的国家之一，工业基础薄弱，以农牧业为主。这里很多大型基础设施项目都是中国援建的，在中国重返联合国时马里也给予了坚定的支持，两国关系非常友好。

第二天我们前往当地市场，去的是市中心阿拉伯人开的两家超市，店面很小，没什么本地产品，有些物品是从法国进口的，蔬菜水果也不新鲜。这里也有华人开的超市，他们会雇用当

中国驻马里大使馆

马里妇女

巴马科友谊酒店

熏鸭沙拉

与酒店厨师合影留念

地人种菜。但是由于天气炎热，蔬菜不好生长，每周只能往超市送一两次菜，通常很多华侨都在此等候，也有少数日本人和韩国人。每次送菜的小卡车一到，等候的人群一拥而上，就怕买不到。车上品种还不少，有黄瓜、白菜、苦瓜、油菜、香菜、韭菜、芹菜，不一会儿一车蔬菜便被抢购一空。当时是 2 月，还算好季节，等天再热，蔬菜就更不好生长了。

接下来的几天，我们都在忙工作，趁闲暇时间，去了趟工艺品市场，并在那里偶遇了一家华人餐馆。这家餐馆是东北人经营的，菜品味道不错，烤羊排是中式做法带有孜然香味，肉质鲜嫩。能在非洲吃到中国菜，我的内心非常激动。

这次工作中我接到了一个特别的任务，为对方国宴试餐。

宴会有着法式风格，一道熏鸭沙拉、一道烤鸡卷、一道面和甜品慕司杯味道都很不错。马里曾是法国殖民地，深受法国文化的影响。

巴马科机场欢送仪式

身着盛装载歌载舞的塞内加尔人民

马里工作结束，我们在马里人载歌载舞的热烈气氛中登上飞机，前往下一站塞内加尔首都达喀尔。

当飞机抵达塞内加尔，塞方在机场举行了隆重的欢迎仪式，欢迎的人群穿着民族服装载歌载舞。

塞内加尔是 2005 年 10 月与我国复交的国家。中塞保持外交关系期间，中国为塞内加尔援建了友谊体育场、阿菲尼亚姆水坝、国家大剧院等项目，因此塞内加尔人对中国人十分热情、友好。

由于地理、历史原因，塞内加尔的饮食文化在西非诸国中呈现出多元素的特点，除了具有西非的本土特色，还受到北非国家及法国和葡萄牙的“熏陶”。近年中国的一些企业和援非医疗队都带着自己的厨师来，加上这里大使馆和援非组织自己也种植蔬菜瓜果，其中一些会进入

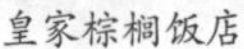

皇家棕榈饭店

酒店外的海滨风光

酒店门口与摩托骑手合影留念

当地市场，我相信当地菜肴也会被点缀上中国元素。

到达饭店，我抓紧时间准备晚上及第二天的各餐。第二天，我在酒店准备好一切后，见天气不错出去走了走。酒店就在海边，推开窗户便能看到水天一色的美丽风光。酒店周围环境清幽，海风习习，一扫当地热带气候的闷热，令人神清气爽。

下午，我们在塞内加尔人民热情的欢送仪式中前往坦桑尼亚。

当飞机抵达坦桑尼亚达累斯萨拉姆国际机场时，已是很晚。但到达饭店后，我还是先去了厨房，将第二天早晨的事情理顺后才回房间休息。

第二天，我准备了早餐和午餐。下午组织合影，按要求必须服装整齐，但是同行的厨师第一次出国，没有从国内带来西服和领带，皮鞋也放在了使馆，只好向别人借了一身西装，我借给他领带和皮鞋。有的时候，看着这些在外工作的工勤人员，我深感他们工作的不容易。

达累斯萨拉姆是这次工作的最后一站，工作结束后，我们被安排晚些回国，看还有点时间，便就地参观了一番。

达累斯萨拉姆是坦桑尼亚的原首都，是坦桑尼亚第一大城市和港口，全国经济、文化中心，东非重要港口。虽然坦桑尼亚已经迁都（现首都为多多马），但是政府的一些机构如劳工部、能源部等部门总部还在达累斯萨拉姆。坦桑尼亚总统府也还是在达累斯萨拉姆的海边矗立着。而达累斯萨拉姆与中国有着不解之缘，它是“海上丝绸之路”的沿线城市，我国明代郑和下西洋时曾经到过这里的沿海地区，它也是由中国、坦桑尼亚和赞比亚三国合作建成的坦赞铁路的起点。如今坦赞铁路是中非友好关系的象征，多年前我就听说过，今天好不容易来到这里自然没有错过的道理。于是我提议前往火车站参观。

我们到达火车站，正好有一班火车发车，不少人正在进站。翻译对门口检票人员说，我们是中国大使馆的，想看看火车站，便放行让我们进去了。

坦赞铁路贯通东非和中南非，全长 1860.5 公里，1970 年开工建设，历时 5 年多建成并通车，从勘探到竣工花了近 10 个年头。当时的中国经济也很困难，国家为此投入了巨大的财力和人力，提供无息贷款 9.88 亿元人民币，共发运各种设备材料近 100 万吨，先后派遣工程技术人员近 5.6 万人次，投入物资机械 83 万吨，还有数十名中国人为此献出了宝贵的生命。坦赞铁路跨越的不仅仅是东非大裂谷，它和沿途修建的桥梁、隧道、站点以及长眠在此的中国人共同构筑了新中国历史上一个独特的时代符号。如今由于资金紧缺，各种设施设备都老化、失修，沿路几乎事故不断，现每周开两对客车，每天开一对货车。

进到站台，当我看到正在依依惜别的行人及枕木上依旧清晰的“中华人民共和国制造”的印记时，内心不禁生出一份对那个时代的感慨，对“中国制造”的骄傲。

达累斯萨拉姆火车站

站台上正要发车的火车

离开车站，由于时间有限，我们只去了工艺品市场和海鲜市场。一路上，只见绿树成荫，人头攒动，一派繁忙、热闹的景象。这里的工艺品市场是坦桑尼亚最大的乌木雕刻市场，国人称为“黑木市场”，一个不大的院子有着近百家店铺贩卖乌木雕、当地油画及一些牛角制品。而海鲜市场，喜爱海鲜的人则有口福了，达累斯萨拉姆作为天然的港口和优良的港湾，海产品丰富，有龙虾、大虾、石斑鱼等，唯一遗憾的就是市场环境比较差。

饮食上，坦桑尼亚人常年以大米、玉米、高粱、甜薯等为主食，副食有肉类、蔬菜、水果，忌食猪肉、动物内脏、海鲜以及奇形怪状的食物如鱿鱼、海参、甲鱼等。当地蔬菜价格高于水果，所以一般人宁可买水果也不买蔬菜。他们爱喝的饮品是咖啡、啤酒和汽水。

近半个月，从西非到东非，加之 2007 年在非洲八国的工作经历，我对非洲算是有了全面了解，心里也颇有些感慨。

也许这里的美食在世界籍籍无名，但是一方水土养一方人，再贫穷的地方也会有自己特有的味道，这个味道会深深地烙进当地人的味蕾，成为他们的故乡味、“妈妈的味道”。而对在这里生活工作的华人华侨来说，乡愁是一个熟悉的面孔，是一份中国味道。只是在其他国家和地区，也许很轻易地就可以找到一家中国风味餐馆一解思乡之情，但是在非洲，吃上中国风味食品往往是一件非常奢侈的事情，可能需要自己种植（在非洲，中国使馆人员、华人华侨大多也是自己种植蔬菜），自己烹饪（即便有中国风味餐馆往往也因价格不菲令人望而却步），即便如此，往往也因原料、条件的限制，让故乡美味有些似是而非。

家乡是一个人生命的起点，味蕾是一个人最好的记忆，我们的思乡情大多也被那一份传统美食所牵引，离家越远，越是想念。因此，作为厨者，我们兴致勃勃地追寻、感悟、借鉴世界不同的美味佳肴时，一份中国味、一颗中国心依然是其底色和底蕴，这是融进我们血脉的传承，也是一种让中国饮食走向世界，弘扬中国味、中国情的文化力量。

当地工艺品市场

工艺品市场的一个小店铺

海鲜市场

从点心到纪念品的传承之情——克罗地亚

食物的魔力往往不在于发散而在于隐藏，小到煎、煮、烹、炸等不同方式对同一样食材的多种诠释，大到某种味型的形成、固定，都能转化为心像，融入情绪中。

曾有人说："世间倘若有一种事情，是值得人们慎重其事的，并不是宗教也不是学问，而是吃。"也许这句话有失偏颇，却也道尽了吃的重要性及人们对吃的文化追求。

而对任何一个普通人来说，开门七件事，柴米油盐酱醋茶，不管外食还是下厨，珍馐美味带来的喜悦、满足、感动、怀念、温暖……百感交集的情绪不仅存在于味蕾，更是在于生活中激荡起的文化和心灵的共鸣。如中餐就是中国人生活的一部分，中国饮食文化是所有中国人的骄傲。

西方虽然不注重吃，但是很多国家也有着悠久的饮食文化传统，一些国家也会因特殊的食材风味而自豪，如克罗地亚的姜饼文化，为当地人提供了认同感和延续感，令当地人津津乐道，颇为自豪。

2009 年 6 月，我因工作需要来到克罗地亚的首都萨格勒布。

那天出机场时恰好是饭点，我们去了华人餐馆吃午餐。这次菜肴令我有些失望，菜品色泽暗淡、油腻。受国外环境的影响，厨师的心情、热情通常会大打折扣，我认为这是不应该的。既然选择了厨师这一行业，不管身处哪里都需要保持始终如一的热情和热爱，不忘初心。外在的环境和条件只是对厨师的一种磨炼，更需要我们有如云一样的灵魂，如山一样的脊梁，灵动而坚守。

第二天，我一边工作一边见识了当地的饮食文化。克罗地亚的菜肴综合了意大利、匈牙利、奥地利的风味，保留了原有的特色又融入了本地的烹饪传统，其中烤肉、熏火腿、

酒店外的城市风景

黑松露炖花胶

和当地学生合影留念

羊奶酪和腊肠是特色，当地的红酒也非常好。而我也用了当地的特色食材黑松露、羊肉等烹制菜肴。

工作期间有点闲暇时间，我们步行至市区溜达了一圈。

萨格勒布是克罗地亚的政治、经济、文化中心，位于克罗地亚的西北部，坐落在萨瓦河西岸，是一个有着悠久历史文化的古城，也是一个充满生机和活力的城市。当地人非常友好热情。这里到处洋溢着浪漫的氛围，弯曲的小巷，装饰精美的店铺，以及梦幻般的小街走廊，置身这样的街景，很容易产生时光倒流的错觉。

工作结束，我们被安排于两天后回国。

晚上我们去了当地最好的一家中餐馆用餐，餐馆老板和当地官方关系很好，克罗地亚也非常重视技术人才，每年 5 个厨师技术签证的名额都在这家餐馆。

由于还有时间，天气也不错，我们便去了十六湖国家公园游览。

十六湖国家公园位于克罗地亚中部的喀斯特山区，是克罗地亚最大的国家公园。联合国教科文组织于1979年将其列入世界自然遗产名录。无论是景色还是地质成因，十六湖地区都和我国的九寨沟极为相似，因此它也被称为“欧洲九寨沟”。

餐馆厨房

这里是人间的天堂，四周环绕着茂密的森林，大小16个湖连接形成了瀑布群，最大的落差76米。湖与湖之间由木桥相连，既方便观赏，又提供了游览的路径。湖水清澈见底，因湖水中含有大量石灰岩及矿物质，湖水呈现出翠绿或宝石蓝等迷人色彩，令人流连忘返。中午我们在公园附近的一家特色店吃烤羊和烤鱼，味道非常好，羊肉没有一点膻味，外香里嫩。

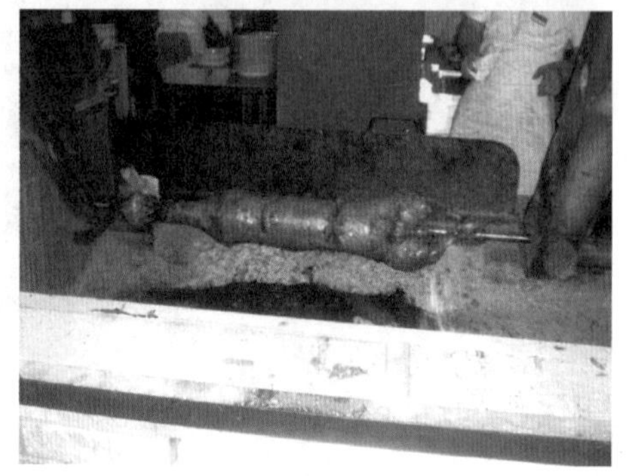
餐厅烤全羊

十六湖国家公园

下午，从十六湖国家公园回来，我们漫步在萨格勒布市区。整座城市分新老城区，老城区遍布古建筑，新城区则由广场、商业区、歌剧院组成，充满现代气息。

第二天，由于下雨，上午我们就在房间休息，下午冒雨开车去了山上的古城堡及市区的几个景点。闲步于矗立着克罗地亚第一位国王骑马挥刀铜像的托米斯拉夫广场、哥特式风格的圣马可教堂、巴洛克风格的圣母升天大教堂……让我们充分领略了萨格勒布这座历史名城的魅力。

离开那天上午又在下雨，我准备乘坐下午的飞机回国，抽空我去了库姆罗韦茨村的铁托故居。

一路上地势开阔，近处绿草茵茵，天边群山绵延，四周很安静，偶尔有那么一两辆车从身边驶过，整片天地在绵绵细雨的笼罩下，呈现出一种独有的迷蒙、静谧韵味，令人身心沉静。

绕过几个小山包，我们便来到了铁托的家乡，一个宁静优美的小山村，铁托从出生至15岁，一直在此居住。铁托是前南斯拉夫的总统，前南斯拉夫历史上最重要的人物。在战火纷飞的年代，他建立了人民军队，解放祖国，成为举世闻名的反法西斯英雄；在战后和平建设的日子里，他团结各族人民，坚决维护民族独立和国家主权，坚持社会主义道路，为国际共产主义运动做出了卓越的贡献。小山村里立着铁托的铜像，保存着他住过的一栋房子，而周围的一些民房则成了当地民俗展览馆，供游人自由参观。通过这些展览馆，我们对当地的风土人情有了进一步了解。

铁托故居

参观结束，我们前往机场，并在机场附近的一家华人餐馆金龙酒家用餐。

虽然我在克罗地亚只待了短短 5 天时间，但也充分领略了当地的美景、美食。

克罗地亚饮食与北欧各国饮食相近，多以海味为主，但是有 50 多种不同的本地菜及本地的奶酪和甜点。最让他们自豪的是姜饼文化，如果你问克罗地亚人当地特产是什么，他们肯定都会回答是姜饼。

姜饼是从中世纪流传下来的古老食物，最早出现在中世纪欧洲的一些修道院中，流传到克罗地亚后形成了一门手艺，并代代相传。姜饼原料为面粉、糖、水、小苏打以及一些必备的香料，制作过程先是放在模具里成型，然后烘烤、干燥，用可食用颜料着色。每个姜饼制作人装饰姜饼的方式都别具匠心，他们常常会用图片、小镜子、诗句等作为点缀，他们也是地方庆祝活动、重要事件和集会的重要参加者。2010 年，姜饼工艺还被联合国教科文组织列入人类非物质文化遗产名录。[①]

如今，姜饼已经不再是一种点心，克罗地亚人制作出各种姜饼造型的纪念品，把姜饼发展成为独特的姜饼文化，使其成了克罗地亚的象征和骄傲。

其实，每一个地方，每一个国家，都有令其引以为傲的食物，食物承载的是一个民族共同的情感、共同的心态，可以令我们放置心头，细心珍藏，回味无穷。

---

① 克罗地亚北部的姜饼制作技艺[EB/OL]. [2020-12-05]. http://www.ihchina.cn/Article/Index/detail?id=11861.

水与叶的缘法之境——阿根廷

沸水与茶香是一场哲学碰撞，内含茶味、人味及生活滋味。

众所周知，世界认识中国是从茶叶、丝绸和瓷器开始的。

中国是茶的发源地，早在三皇五帝时期就有了关于“以茶解毒”的民间故事。而厚重璀璨的中国饮食文化，也是在美食的滋养中生发出情思，在品味香茶的过程中生发出风雅。

对中国人来说，茶能待客，茶可交友，茶亦能陶冶性情、锻炼品格，“茶道”随着茶的芳香潜移默化地融入大众的生活，人们不仅可以借着茶道来修身养德，还可以在茶禅文化的熏染下参禅悟道。有时候一杯清茶，浸泡的不仅仅是经过炒制而成的叶片，也是内心的喜悲与五味人生，亦是东方人特有的一种含蓄、内敛之意境。

与东方人不同，西方人更为直率、外向，对西方人来说，茶与食物一般，注重的是功效和口感，他们从中国引入了茶，却更多是引入了茶的形式，以及喝茶所带来的闲情逸致，而非茶的深厚文化内涵。不管东、西方，说到茶，原材料终究是我们所认知的茶叶，也各有一套饮茶仪式。但在阿根廷，我却见识了从原料到饮法完全不一样的茶文化，热情洋溢、简洁随意、奔放自由，彰显着阿根廷人特有的淳朴民风。

2014 年 7 月，我结束在巴西的工作，直接前往阿根廷首都布宜诺斯艾利斯进行接下来的工作。

到达后我直接去了酒店，并在酒店用晚餐，点了烤牛肉、沙拉和一瓶啤酒。可是由于语言不通，烤牛肉不是我想要的那种，不过味道挺好。后来我再用餐便将吃过的都拍下来，点餐时就出示照片，服务员会心一笑很快就明白，也算是笨人笨法了。

烤肉算是世界各地十分常见的美食，但是阿根廷的烤肉独具特色，精选当地的牛肉，配以当地的佐料腌制，烤熟，讲究色美味香，注重鲜嫩口感。炭烤牛扒则是直接在牛扒上撒点海

阿根廷餐厅的烤肉

酒店的菜肴

阿根廷红虾

酒店菜肴烤牛肉

盐，然后用炭火烤至七八成熟，外表焦黄，里面保留肉汁，吃起来外酥里嫩，嚼劲儿十足。阿根廷人的习惯是吃一口烤肉吃一口蔬菜沙拉，味道极佳。所以，第一顿饭我算是“入乡随俗”了。这次我也特意用了当地的红虾做原料，香煎，色泽红亮，肉质鲜香。

由于前期工作准备得非常充分，我得以忙里偷闲、走马观花地在布宜诺斯艾利斯游览了一番。

布宜诺斯艾利斯是阿根廷最大的城市，风景秀美，空气清新，素有“南美洲巴黎”的美誉。由于阿根廷曾为西班牙殖民地，阿根廷人大多为西班牙人、意大利人的后裔，因此城市布局、街景及当地人的生活方式、文化情趣等处处显露出欧洲风情。流连于矗立着自由女神塑像的五月广场、庄重美观的总统府（“玫瑰宫”）、哥特式的大教堂、美轮美奂的哥伦布剧院……这座充满欧洲情调的浪漫城市，让人忍不住心生赞叹。

五月广场

我们还去了一家华人餐厅，菜肴都是一些家常菜，味道一般，有点北方口味，大家的评价都不高。餐馆为了适应当地人口味，进行了一番改良、融合，北方菜不是那种重油重味，川菜也不是那么辣，哪里来的食客都能适应和接受。

游览期间，我还见识了阿根廷的“国宝”——马黛茶。

马黛树是一种常绿灌木，生长在南美洲的一些地方，南美洲人把绿叶和嫩芽采摘下来，经过晾晒、烘烤、发酵和研磨等工序，制成了芳香润口的马黛茶。阿根廷气候温润潮湿，阳光充足，很适合马黛生长，因此是马黛茶主要的生产国。漫步在布宜诺斯艾利斯街头，时常可见琳琅满目的马黛茶茶具，葫芦、木头、金属等制成的带有艺术性装饰的茶壶及带有滤网镀银的吸管。这些茶具是很多游客都会选择购买的当地著名旅游纪念品。

不过马黛茶的味道很苦，外国人很难接受这种苦味，但是阿根廷人祖祖辈辈饮用这种茶，不仅早已习惯，还觉得这样的苦茶能够提神、爽口，越喝越有味道，越喝越爱喝，马黛茶已经成为阿根廷人生活中不可或缺的一部分。

他们喝茶的方式也非常传统，一家人或者朋友们围坐在一起，往泡有马黛茶叶的茶壶里插上一根吸管，然后在座的人一个挨着一个地传着吸茶，边吸边聊。壶里的水快吸干时，再续上热水接着吸，直到聚会散了为止。如今，随着卫生意识的提高，马黛茶壶的吸管会多放几个，人们各用各的吸管吸茶。有的家庭还接受了现代观念，将马黛茶壶里的茶汤倒在杯子里饮用，但是更多的阿根廷人还是喜欢用吸管吸茶，认为倒在杯子里喝就失去了阿根廷风味。

关于马黛茶，阿根廷还有马黛节，它是阿根廷除国庆节外最大的狂欢节日。节日期间，首都布宜诺斯艾利斯的街头少男少女身着盛装向行人分赠小盒包装的马黛茶，有些马黛茶产地还

马黛茶和装茶的器皿

会举行花车游街和民族舞会，评选年度“马黛公主”。

见识了阿根廷独特的饮茶文化，再对比中国的，我不禁想到：小小的茶叶，凭什么能够获得人类的青睐？除了其本身助消化、利健康、令唇齿留香的作用，很大程度上是由于其文化的积淀与感染力。在中国，茶禅一体，饮茶能陶冶情操，提升境界，放松身心，往往也有着一套精细的操作；在阿根廷，饮茶就是生活，是活力，是快乐，简单而富有激情。

但不管是内敛的还是外向的，茶的发现都是人类独有的一种水与叶的缘法之境，或顺应本性的，或追求超脱的生活态度和生活思考，茶也不仅仅是叶与水的高温邂逅，更是人类情感和精神所塑造的人间百态。

马黛茶

马黛茶不仅是一种饮料，还是一种纯天然的保健饮品。马黛茶中含有马黛因，维生素 C、B_1、B_2 及多种微量元素，能降火消热，消除疲劳，补充体力，振奋精神。

五谷解忧，“纯酿之法”与“花样配方”——德国

酒食相佐，不仅提高味蕾对细节美味的敏感程度，也是一种人情世故，有的是令人击节的天作之合，有的是让人感奋的相见恨晚，有的是使人黯然的悲欢离合……

从古至今，人类繁衍生息，饱经风霜，但只要点燃灶火，端起食物，每一个人总会于某个瞬间感受到生活的美好；从古至今，人类跋涉、落脚，历经磨难，但只要停下来，端起美酒，每一个人总会于某个瞬间获得情感、精神的慰藉。

酒的历史，几乎是和人类文化一道开始的，中国的“仪狄造酒”，古希腊神话的酒神，希伯来人“上帝的赐予”，古印度神话的以酒祭神，世界古老文明民族的神话传说中都流传着酒的故事。虽然传说不等同于真实的历史，但不管在东方还是西方都酝酿出了悠久灿烂的酒文化。虽然对酒的喜爱相同，但因东西方文化差异造成的欣赏酒的角度不同，东西方也延伸出了不同的酒文化。

中国是酒的王国，以五谷酿制，酒的形态万千，色泽纷呈，但最能代表我国的酒莫过于白酒了，从某种角度上说，我国的酒文化是白酒文化，饮酒的意义也远远大于口腹之乐，在许多场合它都作为一种文化消费的象征、一个文化符号的代表，用来表示一种心境、一种气氛、一种礼仪、一种情感。而西方的酒，大多以果物酿制，最有代表性的是葡萄酒，从某种角度上说，西方酒文化是葡萄酒文化，它与生活、品位、享受联系在一起，饮酒的目的往往很简单，为了欣赏酒而饮酒，为了享受美酒而饮酒。

但是啤酒，作为古老的酒精饮料，却完全打破了东西方之间的隔阂，受到全世界的欢迎，

不论是得意时的欢喜，还是失意时的惆怅愤懑，抑或是日常佐餐、浅饮小酌，不少人都会来上一杯，它的消费量已经仅次于水和茶，位于世界第三，可见它的影响力。出门在外很多时候我也喜欢点一瓶啤酒，略慰旅途的辛劳。

而谈到啤酒，自然绕不过德国，德国是世界啤酒大国，我有幸四次到访德国，不仅深刻感受到了当地的饮食文化，更是近距离体验了德国啤酒的魅力。

2002 年 4 月，我因工作任务前往德国。

这是我第一次到德国，工作之余便去柏林参观一番。

柏林是德国统一后的首都，是德国的政治、经济、文化中心，以崇尚自由的生活方式和现代精神而闻名，无论从文化、政治、传媒还是科学上讲它都称得上是世界级城市。施普雷河从南面缓缓流过市区，整座城市被河流、绿树环抱，仿佛沉浸在一片绿色海洋中。而在这片绿色

中国驻德国大使馆

酒店自助餐

海洋中，古建筑与现代的商业摩天大楼星罗棋布，勃兰登堡门、菩提树大街、查理检查站、柏林大教堂、国会大厦、柏林墙遗址纪念公园等景点静静诉说着这座城市的历史。整座城市自然与人文交相辉映，散发着一种特有的文化魅力。

说到德国饮食，自然少不了香肠、猪肘子和啤酒。德国人喜欢肉食，尤其喜欢吃香肠。德国香肠品种很多，口味各不相同。酸菜是德国传统食品，有点像中国北方的酸菜。它是用圆白菜或大头菜切成丝腌制发酵而成。制作菜肴时加点黑椒粒、香叶，可炖、凉拌、煮汤。酸菜能开胃，帮助消化，而且富含乳酸，维生素 A、B、C，矿物质和纤维，并含有人体所需的碳水化合物，和肉质一起搭配更能降低菜肴的油腻感。酸菜配香肠、酸菜配猪肘则是德国“国菜”。德国啤酒举世闻名，酿造配方多种多样，口味各异。在游览期间，我也入乡随俗，大口吃肉，

游览时品尝的德国美味

戈斯拉尔（Goslar）小镇留念

大扎喝啤酒。

随后我一直在厨房精心准备菜肴。工作结束，我要从柏林到法兰克福转机回国。途中我还去参观了戈斯拉尔（Goslar）小镇。在小镇，举目所见皆是半砖木结构的百年老屋，色彩艳丽，古朴玲珑，将中世纪的建筑风格凸显得淋漓尽致，漫步其间，时光似乎还停在中世纪。能以这样的美景为此次的德国之行画上句号，也算是圆满了。

2014 年 3 月，我再次因工作来到德国。

这次非常惊喜，酒店为我们准备的自助餐非常丰盛，既照顾了大家的口味，又让大家品尝到了当地美食。菜品非常丰富，中西结合，味道也很好，有德国名菜牛扒、奶酪烤鱼、烤排骨、烤猪肘子等，还有鲜扎啤、黑啤，麦芽味很浓，口感非常不错。

酒店自助餐

青芥焗牛扒

而我则尝试烹制了两份西餐菜肴，一份青芥焗牛扒、一份什菜汤。我还见识了一场高规格的私人宴会，餐品有波罗的海熏鱼配调味酱、迷你沙拉、蔬菜牛肉汤、牛肉卷配三种蔬菜和土豆泥、草莓焦糖布丁和奶酪拼盘。

我也很幸运赶上了杜伊斯堡港举行的“渝新欧”国际铁路联运大通道的首列开通仪式。杜伊斯堡港是世界最大的内河港和欧洲重要的交通枢纽，也是“渝新欧”国际铁路联运大通道的终点。仪式现场，三声锣响后，一列满载着货物的列车便缓缓驶入。这趟列车从重庆首发，经新疆跨欧洲直达德国杜伊斯堡港。“渝新欧”国际铁路联运大通道联动亚欧两大市场，赋予古丝绸之路新的时代内涵，必将造福沿途各国人民。

2017 年 6 月，我再次从北京直飞德国柏林。坐了这么多次飞机，虽然每个航空公司飞机餐形式和品种都差不多，但是品质却有着很大的区别，德国飞机餐品质就非常不错，酒水

飞往柏林途中的飞机餐

酒店的晚餐

品种多，正餐有时还会提供哈根达斯冰激凌、梦龙雪糕。

到达后和上次一样，一切工作按照流程严格进行。而我的三餐基本都在酒店，伙食不错，自助餐虽然品种不多，但味道很好，且有几种德国啤酒提供。

完成了柏林的工作，随后我们乘火车前往汉堡。到了汉堡，因为各种原因耽误了很多时间，我顾不得吃午饭，一头钻进厨房开始准备晚餐和第二天的早餐，好在一切都很顺利。这次我还特意安排了德国烤猪肘和德国啤酒，为餐品增加了一点德国风味。

也许与“民以食为天”的中国相比，德国的饮食文化有些单调乏味，不过这几年来已有所改变。在德国，中式、法式、俄式、意式、日式等国际风味大荟萃，德国菜也在传统的基础上吸收各地各家烹调特色，创新、丰富着本国的美味。而真正让德国引以为傲且被世人所熟知的也不是佳肴，而是啤酒文化。这几次的随访也让我充分领略了德国啤酒的魅力。

奶酪、萨拉米肠拼盘

鲜水果拼盘

德国烤猪肘

在德国，啤酒有着悠久的历史及丰富的酿造方法，其啤酒文化也和德意志民族性格息息相关。

德国啤酒种类丰富，酿酒配方多种多样，但不管配方如何改变，德国啤酒口感浓郁醇厚，品质出众，历史上也有着一套严格的原料标准。早在公元 1516 年巴伐利亚公国的威廉四世就颁布了《德国纯啤酒令》，规定德国啤酒只能以大麦芽、啤酒花和水三种原料制作，而德国人守纪律和严谨认真的优秀品质使其一直坚守这一历代相传的法律规定，所以近五百年来德国啤酒不仅有着品质保证，也成为纯正啤酒的代名词。

德国人喝啤酒的方式也是花样繁多，可以兑柠檬水，或不同啤酒按照一定比例混合，或冬天在淡啤中加橙子、丁香、肉桂等原料加热……在德国人看来，啤酒不是酒，而是“液体面包”。其啤酒节则是一个誉满全球的节日，来自世界各地的几百万游客齐聚慕尼黑，人人抱着大酒杯开怀畅饮。节日中，几百万升啤酒被一饮而光，几十万只香肠随酒下肚，酣畅淋漓，好不快意。也正是基于这样的机缘，德国人充满活力、热情洋溢的另一面，及他们对自身文化和传统所表现出来的自豪感，才得以在全世界面前展现。

其实，不管白酒文化、红酒文化，还是啤酒文化，每一个国家的人都会为自己国家、地区的酒文化而自豪，其背后也都只有一个真相：人类爱酒。从古至今，上至统治阶级祭祀、出征，下至普通百姓的红白喜事、日常聚会，都离不开酒。酒可壮行、可助兴、可解忧，可释放人们压抑的天性，于半醉半醒之中有个机会释放自己的真性情，喝酒对人类来说完全由单纯口感的享受上升到精神滋养的境界，慢慢变成了人类的一种“本性”——酒色性也，说的就是这个道理。

三重境界，内韵外达

厨师分三种，技术型、管理型和文化型：

技术型，可能刀工精湛，技法高超，但所烹制的食物也只是食物。

管理型，可能熟知饮食体系、管理知识，但更多时候经营的也只是市场。

文化型，从饮食体系到观念体系的感悟、融合，拥有文化高位，赋予美食灵魂。

技术型是基础，讲究“三勤”——眼勤、嘴勤、腿勤，也是每一位厨者的“基本功”。

管理型是精进，在“三勤”的基础上再加“三勤”——勤学、勤思、勤变，因为当今的食客已经完成了“哺啜之人”到“滋味之人”到“养生之人”的进化，他们不仅仅追求口味还注重环境、服务和一定的文化品位。

文化型是升华，在以上“六勤”的基础上，用自己的文化修养、思想境界将饮食运行在文化的高位上，让自己的每一刀、每一次翻炒、每一种摆盘……以匠人之心，深耕细作地注入自己的专注、认知、感悟，赋予食物精的品质、美的灵魂、情的温暖。

文化型应该是厨师追求的最高境界。

第四篇

厨道天下

——东厨之内万象生

食之有礼；

食之有德；

食之有道。

方寸之间，万象恒生。

人类饮食文化的兴衰与社会政治经济的发展密切相关，每一道菜都有讲究，有故事，更是内蕴饮食“三重天”的玄妙——尊礼、善和、治天下：

尊礼，民以食为天，礼以食为先，饮食之礼从最初的礼仪核心内容逐渐演变为礼仪体系的一个重要分支，它不仅仅是一种形式，也是一个人、一个集体、一个国家乃至全人类精神文明的表现和象征。

善和，“和五味以调口”，饮食之中味和、天和、人和，和而不同，每一次烹饪皆是因循万物的内在联系和存在状态，一个“和”字也是宇宙的自然规律，更是人类社会功能的佳境。

治天下，“治大国若烹小鲜”，饮食文化与政治理念重合、叠加，不仅是中华民族“以和为贵”的精神内涵，也是中华民族“以德治国”的政治智慧。

第十一章

礼，“礼者，敬人也”

夫礼之初，始诸饮食。

——《礼记·礼运》

尽管如今的“礼”是一个包含了待客、谈吐、穿着、道德等方方面面的完整的礼仪体系，但礼起源于原始饮食活动。中国先人有着“民以食为天”的精神信仰，人人对进餐之事有着一种神圣的尊崇，菜肴设计、座位排序、餐具使用、席间谈话……莫不有着一套标准的“礼仪操作”，影响至今。

礼尚往来，天下厨师一家亲——摩洛哥

任何的礼仪都以尊重为前提，任何的关系也都是从尊重开始的。

原始社会，中国先民把黍米和猪肉放在火上烤炙，在地上凿个坑当作酒樽，用手掬捧而饮，还用草扎成的槌子敲打地面当作鼓乐，以这种简陋的方式向鬼神表达着敬意，从而希冀得到庇护和赐福，这样最原始的礼便产生了。[①]

三千多年前，周公通过“制礼作乐”，对皇家和诸侯的礼宴做出了具体的规定，发挥了“礼，经国家，定社稷，序人民，利后嗣”[②]的作用，君臣老少的宴饮开始显得井井有条。

两千多年前，儒家学派三大宗师——孔子、孟子、荀子，又继续对食礼加以规范，补充仁、义、礼、法等内涵，将其拓展成为人与人的伦理关系，长期以来逐渐演变成各种合理的饮食礼仪和礼俗。食礼是一切礼仪制度的基础。

古代食礼按照阶层划分为宫廷、官府、行帮、民间等，且阶层之间有着明确的规格限制和规范化的宴饮制式。如今，中国人的食礼虽然已经没有古代的阶层限制和烦琐程序，但是宴饮几乎贯穿人类所有的社交活动，食礼就是律己、敬人的一种行为规范和文化修养，是表现对他人尊重和理解的过程。而作为随访的厨师，常常置身于完全不同的饮食文化之中，我对这一点体会颇深。

① 《礼记·礼运》：“其燔黍捭豚，污尊而抔饮，蒉桴而土鼓，犹若可以致其敬于鬼神。”
② 《左传·隐公十一年》：“礼，经国家，定社稷，序人民，利后嗣者也。”

2006年4月，我结束美国的工作后，前往摩洛哥首都拉巴特。

到达拉巴特的第二天，我们去了市场，顺道感受了一下拉巴特这座城市的魅力。

拉巴特由新城和老城组成，新城有一些西式楼房和阿拉伯民族风格的住宅以及政府机关、王宫等；老城则用红色城墙包围起来，城内有一些古老的阿拉伯建筑和清真寺，有乌达亚斯卡斯巴赫城堡、哈桑大清真寺等著名景点。我们主要逛了一下老城。老城市场有出售特色工艺品的，如化石、石头标本以及上了年纪的旧货，其中红珊瑚是摩洛哥"国石"。我买了一些杜亚木和三叶草标本留作纪念。

工作中，令我们非常意外，摩方准备了丰盛的菜肴，有烤全羊、芝士黑松露焗龙虾等。由于他们准备的量很充足，我们工作人员也有幸品尝了这些美味。烤全羊，肉质酥嫩，味道鲜香，我们自己加了一些孜然和辣椒面，口感一级棒。

摩方看到我们吃得很满意，都非常高兴。"礼尚往来"是中国家喻户晓的礼节，也是人际交往的准则，于是我们也将多余的菜肴给他们品尝。虽然中国和摩洛哥的饮食文化不同，但是饮食中所蕴含的那种互相欣赏、彼此尊重的礼仪内涵却是相通的。我们出国在外经常会和外方厨师分享美味，进行友好互动，真是天下厨师一家亲。

拉巴特的工作结束后，我们开车前往摩洛哥的下一站卡萨布兰卡。

在卡萨布兰卡发生了一件小事。我让翻译去向酒店要一个西瓜。结果一个小时过去了也没拿来。我只好找到酒店厨师，用手比画了一个大球，做了一个切开的动作，然后用手指向了番茄。酒店厨师明白了，一分钟后就拿来了一个西瓜。我不禁感慨，还是厨师之间心意相通。

卡萨布兰卡因为电影《卡萨布兰卡》闻名于世，可惜由于时间紧，从到达这里到第二天离开，一直在酒店忙碌，没有机会游览。但是此次的摩洛哥之行，我并没有遗憾，不仅品尝了摩

摩洛哥迎宾馆留念

洛哥的顶级美味，也通过美食感受到了人与人之间的友善和美好。

摩洛哥地处北非，料理方式以炖、煮、烤为主，喜欢添加一些风味不同的香料，让菜式有所变化，但是菜式也并非全然中东特色。摩洛哥曾经是法国殖民地，加上地缘之故，菜式口味受欧洲影响较大。摩洛哥人注重利用饮食保养身体，不饮酒，不吃油腻的食品。

摩洛哥虽然算是非洲比较开放的国家，但是毕竟与中国隔着半个地球，加上其宗教信仰，其行为习惯与中国有着很大的不同。在吃饭礼仪上，他们（其实西方人也是）对中国人吃饭时直接将骨头吐在饭桌上的做法非常反感。另外，如果你不想用手抓饭，可以询问要一把勺子，不过因为主菜通常要用面包蘸汤和肉吃，用手会比较方便，建议你入乡随俗。

其实不管到哪个国家、地区，食礼都是很具体、很重要的，它不仅是积极有益的社交规则，也是个人品德修养的外在呈现。作为厨师，作为主人，最大的幸福就是制作、准备的菜肴能够被客人喜欢，被客人欣赏；作为来访者，作为客人，最大的尊重便是用心品尝美味，细心感受主人在食物中注入的绵绵情意。

也许，许多国家和中国一样，始于古老先民的饮食礼仪经过千百年演进，很多的具体功能可能基本不存在了，但其对个人行为方式的约束和个人行为习惯的养成依然具有影响力，能够引导个体形成极为有益的社交规则，最终实现人与人之间的互相尊重。

因此，不管在厨房还是在正式场合，我都非常重视自己的仪容仪表及待人接物的言行举止。我也希望每一位厨者不仅能具备精湛的厨艺，还能拥有彬彬有礼的风度，被人认可，受人尊重。

与摩洛哥的厨师兄弟合影留念

厨师礼仪

当今社会各行各业都有自身独特的礼仪规范，厨师也不例外。一位优秀的厨师应当遵守以下厨师礼仪：

1. 自身仪容——仪表端庄，仪态大方

服饰得体，鞋袜整洁，发型整齐美观且发不外露；工作细节上不出现不文雅行为，如挠头、打哈欠等，避免让人产生不洁净的感觉。

2. 对待顾客——真诚服务，用心对待

对待顾客要以努力使其达到满意为标准，微笑服务，令人感到亲切和愉快；尊重食客的饮食喜好和习惯及健康状况，调整好菜品；尊重食客的宗教信仰，注意饮食禁忌。

3. 就餐礼仪——文明礼貌，亲切贴心

与食客接触时，应当注意文明用语，始终保持应有的礼节礼貌；能主动向食客打招呼，向食客致歉致谢；学会认真倾听食客的问题和意见，并作出得体应答；尽可能体量食客心理，学会换位思考，用得当的方式配合食客的需求。

“仪式感”欢迎宴——苏丹/莫桑比克

从每一个环节入手设计的每一场宴会，满足的不仅是口和胃，更是关乎人类文化交流的通感享受和情感升华。

孩子升学有升学宴、谢师宴，新人婚嫁有喜宴，有朋自远方来要办洗尘宴，家有贵客要办欢迎宴……可以说，中国人一生中的重要时刻都少不了宴席社交。与鸿门宴、杯酒释兵权等历史上暗流汹涌的宴席不同，今天所举办的宴席也多用于表达美好的祝福和愿望，宴席中的美食也并不是仅仅用来饱腹，更多是作为人们祈求美好愿望、联络 感情的一种形式。

正如国学大师钱钟书所言：“社交的吃饭种类虽然复杂，性质极为简单。把饭给自己有饭吃的人吃，那是请饭；自己有饭可吃而去吃人家的饭，那是赏面子。交际的微妙不外乎此。”

其实国家与国家之间的交往也是如此。

中华民族饮食文化源远流长，这不仅培养了中国人民高尚文雅、彬彬有礼的精神风貌，也使中国赢得了“礼仪之邦”的美称，每一场宴会莫不是一种文化的传递和情感的交流。

2007 年 1 月，我因工作随专机抵达苏丹首都喀土穆。下飞机后，苏丹人民热情而奔放地用自己的方式来欢迎远道而来的中国客人，仿若过节般，甚至连空气中也弥漫着一种独特的热闹、喜庆气息，令人深受感染。

到达饭店，办理好住宿，我马上去准备午餐。午餐后，有点时间，我就在喀土穆转了转。

苏丹，虽然是非洲是第三大国，但也是联合国宣布的世界最不发达国家之一，贫穷和内战影响着苏丹的发展，它也曾被称为最不安定的国家。首都喀土穆是苏丹政府机关及外交所在

晚宴时外方准备的菜肴

地。当地人非常友善，走在街道上，人们看我们的眼神多是充满好奇和善意的。

我们到当地的一个市场转了转。那天是周五，人们大都回去做礼拜了，摊位、店铺都关了门，只有两家门开着，一家是欧洲人开的，一家是会讲中文的当地人开的，经营着一些黑木雕等民间工艺品，具有浓郁的阿拉伯风情和苏丹的民族艺术特色，只是价格比较贵。

出了市场，我们沿着尼罗河开车前行。喀土穆是青、白尼罗河的交汇处，丰盈的河水滋润着这座城市，也为这座城市增添了一份恢宏大气的沿岸风光。可惜一路行来，主要的桥梁和总统府外都有军队架着机枪戒严，让人生畏，不得靠近。而且我下午还有欢迎宴会，匆匆一瞥就回去了。

苏丹的欢迎宴会很别致，在一个花园的大草坪上举行，整个草坪灯火通明，中间搭了一个

尼罗河沿途风光

大舞台，供席间中苏两国艺术家演出用。舞台下摆放着餐桌，并布置了鲜花和精美的器具。整个宴会现场虽不富丽，但隆重之中不失亲切，透露着苏丹人独有的热情和友善。

苏丹人非常好客，宴会准备了整只烤羊，羊肚里有米饭，大盘四周也有米饭。我在一旁观看他们准备菜肴，厨师非常热情，用手抓一块烤羊肉便要我品尝。我品尝了一下，肉质鲜嫩，浓香四溢，味道很不错。

伊斯兰教是苏丹国教。苏丹人喜欢吃羊肉和鸡肉，很少吃鱼、虾，米饭和面包是主食，猪肉是禁忌。苏丹人吃饭的方式和阿拉伯国家差不多，手抓比较多，高级宴会上会有刀、叉。在苏丹食用驴肉是违法的，据说是因为驴是当地的主要劳动牲畜。

网上曾有人这样总结苏丹人的社交习俗："苏丹友人心赤诚，迎宾待客很热情；伊斯兰教为信仰，恪守教规重图腾；民族成分虽复杂，嗜好习俗却类同；喜文身面避邪气，视其为美又光荣；白色颇为受喜爱，象征幸福与光明。"① 其他几点由于时间短，我的感受不深，但是"苏丹友人心赤诚，迎宾待客很热情"我算是充分领略了。

第二天，我准备好早餐和飞机餐，在苏丹人民热情的欢送仪式中继续接下来的工作行程。

我们随后到达莫桑比克的首都马普托。

这次也有欢迎宴会，宴会上还安排了文艺表演。我们到达宴会现场时，场地已经做了精心布置。而我则灵活选料，精心准备好了相应的菜肴。这是一种基本礼节，一是以示尊重，不要体现出太大的差异，尊重对方的安排；二是尽量符合宴会的整体流程和氛围。其中还要特别注意当地民族习俗、宗教信仰以及嗜好和忌讳等。

宴会上完菜品后，我们马上返回准备第二天的早餐。

这段时间连续奔波，工作紧张又忙碌，感到从未有过的疲惫，晚上睡觉我都在脚下垫两个枕头，让血液回流，缓解疲劳。其实我也不年轻了，工作压力也不小，但始终有一种精神支撑着我，这样的工作机会并不是人人都有的，吃苦耐劳、认真做事、忠诚信实才能做好这份工作，我虽累却也骄傲着。

虽然这次的非洲之行非常匆忙，但也确实让我对非洲饮食文化有了更为深入的了解。虽然这里贫穷、动乱，但是依旧显现着人类共有的礼仪文明——餐桌有序、待客有道。

在非洲很多地方吃饭不用桌、椅，也不用刀、叉，大家围坐一圈，手抓而食，为此很多人认为这是一种"未开化"的低级的饮食方式，然而并非如此。手抓方式进食，一方面是一种传

① 苏丹[EB/OL]. (2012-12-08)[2020-11-30]. http://www.docin.com/p-548389153.html.

宴会现场

宴会上的菜肴

统文化的延续和传承，另一方面也与当地的食物特色有关，其饮食风格主要是在烤、煮、烩、炖的方式下将各种食物“杂烩”，成品通常是黏稠的糊状，非常适合手抓，而且由于宗教信仰的影响，只能用右手不能用左手，每个动作都干净利落。用完餐后，若长者未离席晚辈就需要静坐等候，子女离席时需向父母行礼致谢。作为客人吃饭时应特别注意，切勿将饭菜洒在地上，这是主人的忌讳，也需要等主人用完餐后才一道离开。

非洲人非常热情好客，会尽其所能地招待客人，且各地招待礼节皆不相同。如苏丹，生羊肝是客人来的时候才能够拿出来敬客的珍贵食物。羊肝的做法也非常简单，洗净、切片、装盘，然后撒上一些佐料。不管你喜不喜欢都要适当地吃一点，如果一点都不吃，会被认为是不礼貌的行为，辜负了主人的心意。在日常社交活动中，红茶是一种必需的饮料，特别是逢年过节的宴会上，主人喜欢用苏丹式甜茶（一份红茶加三份白糖）招待宾客。如今苏丹民歌中也流传着这样的待客诗句“中国客人到我家，一颗椰枣一杯茶”，形象、贴切地唱出了苏丹民众对于中国朋友的真挚情感。

其实人类社会发展到今天，不管贫富，对人类来说：进餐，已经从吃饱的本能行为，成为人类文化交往、沟通的重要工具；食礼，已经从最初的敬畏鬼神、谋求庇护的行为，演变为深刻影响人类日常的行为准则。

这不得不令我们感慨小小美食中的巨大能量，美食不仅能够令我们唇齿留香，也在人类记忆中刻下隽永的记忆，更能够成为传递情谊的桥梁。

国宴

对任何一个国家来说，国宴算是规格最高的饭局，也是许多重要历史事件的载体。国宴见证了一个国家重要外交发展史，它是集一国饮食文化特色和礼仪文化特色于一体的国典形式之一，是一种文化展示，浓墨重彩不为过。

国宴一般分为午宴和晚宴，午宴较为简单，欢迎晚宴则较为隆重，通常用具有本国特色的代表性菜肴招待国宾。现场的布置、氛围的营造也非常讲究，宴会厅需要悬挂双方国旗，安排乐队演奏国歌及席间乐，席间会有双方致辞，祝酒或歌舞表演，时间在一个半小时左右。

“冷餐宴会”自由随性——加拿大

中式的传统，西式的自由，碰撞中的食礼，会是新一轮的人类文明进程。

中国人见面总是关心地问：“吃了吗？”但同样的话语对西方人说，可能就会被认为是粗鲁的，因为这是他自己的事，不需要别人多问。

中国人请客，即便极其盛情地摆满了一桌菜肴也会谦虚地说：“没有啥好的，随便吃点。”但西方人则一定会骄傲地夸耀：“这是我太太最拿手的菜！”

中西礼仪与习俗有时候大相径庭，如中国宴请在座次排列上以左为尊，西方以右为尊，而这有着深刻的历史文化根源。

中国素有“礼仪之邦”的美称，讲礼仪、循礼法、崇礼教、重礼信、守礼仪是中华民族的传统文明和风尚。《礼记》《周礼》《礼论》……中国古代就创造了丰富的礼仪文化，现代中国饮食之礼也是深深地根植在古代礼仪的基础上。如“长幼有序，尊卑有别”依旧成为当今礼仪的重要内容之一，中国人也就格外注重进餐时的座位排序及如何进食等问题。整体而言，中华民族，主张“克己复礼”，文化性格上崇尚内敛和含蓄，强调的是集体性的构建与体制化的沿革，是社会生活中最有权威的制约因素，以达到全民崇礼、诚信有序、天下和谐的目的。

西方人崇尚自主和独立，长期以来采用分餐制，人人自扫盘中菜，不管他人碗里汤，互不相扰。西方礼仪侧重个人化的修养与社会化的调和，目的是以求共建一个让个体充分享受自由的文明空间，因此餐桌礼仪与东方不同。特别是加拿大这个在移民文化中建立起来的国家，饮食文化不若中国那般厚重，整体文化氛围也更为自由，因此食礼上显得随性、简单，与中国有

威斯汀海滨饭店留念

着很大的差异。①

2005年9月，我因工作原因前往加拿大温哥华。

到达时是当地凌晨4点，安排好住处，休息了一会儿我便下楼去酒店自助餐厅吃早餐，吃完早餐我马上开始前期准备工作。待事情安排委当，我们去了当地市场。

加拿大与爱尔兰、丹麦、瑞典一起被美国一家杂志评为世界上食品最安全的国家。这里市场非常繁华，各种海鲜产品、蔬菜瓜果一应俱全，也有一些艺术品和手工艺品摊位。加拿大因其纬度较高，海水温度低，鱼类生长缓慢，因此海产品肉质优良，味道鲜美。而加拿大的龙虾被认为是“海鲜之王”，前螯大而扁平，体硕肉肥，肉质饱满，脂肪及胆固醇含量低，富含高蛋白，虾肉入口细滑，鲜美。

接着，我们又去了这里的唐人街。唐人街离市中心很近，是加拿大东西方文化的交汇中心。走进这里你可以直接用中文交流，就像在国内的某个城市一样。唐人街里除了一些中国蔬菜和特色食材外，海鲜、肉类、水果、蔬菜也都应有尽有。

转完市场，我也趁机领略了一下温哥华这座城市的风光。基本上每到一个地方有空了我都会抓紧时间看看，但大多时候是从一个厨房前往另一个厨房，然而无论哪一种，都会令我受益匪浅，不仅让我增长了见识，一定程度上也给我的职业生涯带来启发和提升。

温哥华，三面环山，一面傍海，终年气候温和湿润，环境宜人，是世界最佳宜居城市之一，也是著名的旅游胜地，斯坦利公园、狮门大桥、加拿大广场、伊丽莎白女王公园、卡皮拉

① 肖向东. 论中西方“食礼”文化 [EB/OL]. (2015-04-10) [2020-11-30]. https://www.docin.com/p-1119918637.html.

当地市场一角

诺吊桥、唐人街和惠斯勒等都是著名的旅游景点。由于时间有限，我们主要游览了斯坦利公园，公园占地很广，有 6070 亩，步入其间，森林草地、海景沙滩、飞鸟游鱼……美景便 360 度展开，令人流连忘返。

其实我在国内时就有耳闻，温哥华到处是华人，不懂英语在此也可以畅通无阻。到了实地后，虽然感觉说法有些夸张，但是温哥华的唐人街确实是仅次于美国旧金山的北美第二大华人社区，而华裔在温哥华人口中的占比约有两成。[①]

这次我还临时接到了一个工作任务。由于通知得太突然，时间过于仓促，我们便入乡随

①加拿大最新人口数据：华人数量及分布区域，中文的普及度是多少[EB/OL].(2017-12-07)[2020-12-05].http://www.sohu.com/a/209126181_99901534.
正文内容："《加拿大商报》11月30日刊文称，当地时间11月29日加拿大统计局发表2016年人口普查数据，这是自五年前2011年之后的又一次全国人口统计，其中统计了在加华人的具体数量以及主要分布城市……"其中公布的数据，温哥华华裔在当地总人口中占比21%。

渥太华圣母院

俗，将宴会设计为自助式，菜肴品种多，也可以让大家吃好。离开时，领导还送了我一本他的著作《远行的诗情》，书中写着铿锵有力的赠言：与时俱进为祖国。

2010 年 6 月，我第二次来到加拿大，这次我在渥太华和多伦多两地之间往返。

渥太华是加拿大的首都，加拿大政治、文化中心，整个城市依山傍水，风景秀丽，市中心的里多运河横贯全城，使城市增加了几分灵气。因时间有限，我们只能匆匆一瞥阿堤勒利公园、圣母院、国会大厦等。

接下来我都扎根厨房，其间我根据当地的特色食材象拔蚌做了一道酸瓜氽象拔蚌，用清汤配酸黄瓜，象拔蚌薄片氽好放入酸辣清汤中，味酸辣，肉质鲜嫩。

而多伦多给我印象最深刻的则是当地最大的圣劳伦斯市场。

圣劳伦斯市场被美国《国家地理》杂志评为“全球最佳食品市场”，已经拥有 100 多年历史，是多伦多老建筑之一。整个市场以朱红色古砖为底色，随处可见红黄相间的门头设计，色彩夺目，地面干爽洁净，一些仿真茅草屋顶设计，营造出海洋度假村休闲氛围，给市场增添了一份别样情趣。市场内划行归市，井井有条，品种也非常丰富，有各种新鲜的禽畜肉及海鲜，有各种口味的点心和熟食，有来自东南亚的咖啡和茶品……热爱生活的人都钟情于这个市场，在这里永远有新鲜的收获，充满异域风情。

枫糖是加拿大特产，含有矿物质、有机酸和天然抗氧化剂。我用其特意制作了一道新

枫糖香煎鳕鱼

菜——枫糖香煎鳕鱼，将银鳕鱼腌入味，略煎，刷枫糖，加一点玉桂粉，一点老抽，焗上色。枫糖有树木清香，是这道菜的灵魂，整道菜肴鱼肉鲜嫩，回甜清香。

加拿大的工作任务结束，我们被安排在第二天晚上回国。离回国还有点时间，我们到多伦多电视塔转了转。

多伦多电视塔矗立在多伦多港湾旁，是多伦多的标志性建筑，曾是世界最高的独立式建筑，高 500 多米，有 147 层，从观光层往外看，多伦多全景和美丽的安大略湖尽收眼底。观光层还特别设置了一处透明玻璃地板，站在上面往下看，令人胆战心惊，这是我第一次拥有如此刺激的感受。

从电视塔回来，我们又去了尼亚加拉大瀑布。

戒严的街道

多伦多电视塔观光层留念

尼亚加拉大瀑布位于加拿大和美国交界处的尼亚加拉河上，与伊瓜苏瀑布和维多利亚瀑布并称为世界三大跨国瀑布。在我们还没有看到瀑布的时候，“隆隆隆”的响声就已传入耳中。寻声趋步，大瀑布映入眼帘，银河倒泻，气势磅礴。我们乘游船穿雨衣到近处，近距离感受瀑布波澜壮阔、水声震天的震撼之美。那震天的水声，仿佛敲击在我们的心灵上，令我们发自内心地赞叹和敬畏大自然的鬼斧神工。

两次加拿大之行，虽然大多数时间是在厨房中度过，但也让我对加拿大的饮食文化有了一番感受。作为一个国土辽阔，还是面朝大海的国家，加拿大物产非常丰富，加之是移民国家，加拿大拥有丰富多彩的饮食文化，世界各地的美食都可以在这里找到。不过加拿大人对法式菜肴比较偏爱，以肉食为主，面包、牛肉、鸡肉、土豆、西红柿等是日常之食，特别爱吃奶酪和黄油。

加拿大人宴请也很独特，有“三不”：

一是不设烟酒，因为加拿大有禁烟规定，并且必须年满16岁以上者才能购买香烟。对中国人来讲，不管在家里还是在酒店宴请，一般都离不开烟酒，否则就有怠慢之嫌。

二是不吃热食，加拿大人喜欢吃冷食，这种冷食不同于中国的冷盘菜肴，一般是由主人先将各式菜肴烧好，用碗、盘、碟等器皿盛好后，依次将各式菜肴摆在厨房内的餐桌上，待客人到齐后，供客人享用。因为菜肴烧得比较早，时间一长，也就成了凉菜，加拿大人称为“冷餐宴会”。

三是不排桌席，通常客人手拿一次性使用的塑料餐盆和叉子，一个个排在摆满菜肴的台前，自己动手随意选取自己喜爱吃的食物，最后各自找地方用餐，客人也有坐有站，无拘无束。进餐时，客人要赞美饭菜味道好，感谢主人的盛情款待，第二天还要给主人写信或打电话表示感谢。在餐桌上，他们对吸烟、化妆、吐痰、剔牙等行为非常看不惯。

其实，整体来看，西方人讲求实在，显现的是一种注重修养、张扬个性、平等自由的民主文化精神。请客招待是十分简单的表达方式，请客的主人也许十分有钱，但你不会吃到“满汉全席”，最多有一道主食，再搭配一些前菜如沙拉。在家庭中西方人不讲究等级，不像中国人那般分尊卑长幼，只要彼此尊重，父母子女间可直呼其名，表现出一种轻松宽容的氛围，西方人自我中心意识和独立意识非常强。通常情况下，西方人的社交，只要按照已经形成的固定的方式与文化礼节，如衣着、发型、行为、语言等与出场的文化环境相一致，且大方得体就行。

今天，中西饮食文化在进入对方“地盘”后不断地发生碰撞、融合、互补，中餐开始重视饮食的营养健康，人们也越来越守时、提倡节俭，西餐开始向色、香、味、形、意的境界发展，中西文化正在以彼此积极有益的一面立体地影响着对方，这是时代的进步，也是人类社会发展的必然。

食材小传 加拿大象拔蚌

加拿大象拔蚌生长在北太平洋沿海冷冽纯净的水域，是世界上存活最久、体积最大的洞穴类蛤蜊，能存活百年，肉质松脆，营养丰富，美味可口，既可生吃，又可熟吃，在顶级美食中被视为珍品。

创意精琢，文化传递——瑞士

烹饪方法无穷无尽，每一个环节、每一个小细节都是一种艺术，都需发挥到极致，唯有如此才能体现细致、高雅的一面，从而进行一次充满诚意的交流，也是一种对本国饮食文化内涵的表达方式。

在中国，礼源宗教、礼源人性、礼生于俗。当食礼发展成为全民认同的民族文化形式，占据统治地位的阶级进一步演绎了更为复杂的食礼规范，赋予其治国安邦的文化功能……中国的“食礼”文化与中国数千年的文化积淀密不可分，并最终奠定了中国“礼仪之邦”的文明底色。

在西方，餐桌礼仪起源于法国梅罗文加王朝，受拜占庭文化影响，制定出一系列精细的礼仪；到罗马帝国，礼仪更为复杂和专制；中世纪西方食礼承载的是封建王权的“特权”；文艺复兴尤其是法国启蒙运动倡导自由、平等、民主，西方食礼形成以人为本的新价值观……西方食礼也承载着西方文化内涵。

可以说，数千年来，中西方在食礼文化上都曾创造了辉煌的篇章，进入现代社会以来，尽管诸多古代食礼已不适用于今天的生活，但是中西食礼的规范差异却仍然鲜活地存在于人们的日常生活与行为中。

如中国人以礼相敬，使人获得宾至如归的感觉；西方人以诚相待，使人感受到坦荡不羁的豪放之味。中国人宴饮共享一席，热闹亲切，追求“和合”气氛；西方人宴饮分餐而食，低声浅语，追求安静优雅……

今天，在全球化背景下，食礼在相关国家事务中不断运用与变化，在政治、外交、军事、商务活动以及现代社会交际中不断延伸与革新，它更是一种文化象征，一种文化认同，一种交流的媒介。我对此有着深刻的体会。每一次外出工作，也尽我所能、巧用心思地传递蕴含在美食中的中国文化内涵，如 2017 年 1 月的瑞士之行。

这次，我作为服务人员前往瑞士，在日内瓦和洛桑两地往返。

到达日内瓦，时差原因，凌晨 2 点多我就醒了，在床上躺了一会儿，想出去走一走，可是直到 6 点多天都没亮。窗外一直下着小雪，整个早上都无法出门。下午雪停了，我出招待所十来分钟便来到了日内瓦湖。雪后的城市银装素裹，很美也很静，但日内瓦湖并未结冰，湖水异常清澈，湖中的喷泉照常冲向天空，与湖中的倒影，构成了一动一静的美妙景致。原想着多走一段，结果又开始下雪，只好返回。

不过在接下来的工作中，日内瓦的神秘面纱也被我慢慢揭开。

我们还去了一家当地有名的餐馆品尝特色美食。餐馆的环境十分优雅，而且非常具有民族特色，我们所点的也都是当地的特色美食，奶酪火锅、风干牛肉、炖牛肉、烤羊排等及当地的葡萄酒。其中，奶酪火锅一般用两三种奶酪，常用的奶酪有格吕耶尔（Gruyere）和艾门塔尔（Emmental），用白葡萄酒将其融化，加一点淀粉及调味料熬成糊状，然后放在一个小锅里，

日内瓦湖

洛桑城市风景

奶酪火锅

下面点小火，用长钎插着烤得酥香的小面包，一边蘸着吃，一边不停地搅动，奶香味十足；炖牛肉味鲜肉嫩，风干牛肉配葡萄酒别有一番风味，令人回味。

而洛桑是个风景如画的小城，地处日内瓦湖畔北部沿岸的中心位置，是瑞士最重要的铁路枢纽之一，同时它也是连接巴黎及米兰的交通中心。可惜时间有限，我只能在酒店周围转转。酒店虽位于城市中心地带，但远离了城市的喧嚣，四周环绕着一大片私家公园，别具一格。漫步花园，于金色阳光中，望着酒店对面波光粼粼的日内瓦湖，远眺被白雪笼罩的法国阿尔卑斯山，说不出的舒爽、惬意。

我们还去了华人开的中餐馆用餐，环境不错，但是对我们来说菜肴味道一般，酸辣汤不是胡椒的辣而是辣椒的辣，不太能接受，但是在当地前来就餐的人却不少，店里生意很好，这里的菜肴已经经过改良，比较适合当地人口味。

酒店花园一角

当晚，在洛桑有个宴会，菜品有龙虾头盘、日内瓦湖鱼、宫保鸡丁，主食为双味水饺，甜点是冰激凌。其中，宫保鸡丁和双味水饺是我准备的，这是两品中国家庭最普通的餐桌美味，也是世界有名的中国美食。在这样的场合中，对我来说不仅要将味道做好，更是要做出新意，充分呈现出中国文化内涵，令外国友人眼前一亮，也让餐桌上多一话题，因此在制作这两道菜时我颇费了一番心思。

洛桑被称为“奥林匹克之都”。运动可以增强人们的体质，磨炼人们的意志，达到健康长寿的目的，而仙鹤在中国是长寿的象征，亦有吉祥、高雅的美好寓意，因此在设计宫保鸡丁这道菜时，我把春卷皮剪成花边形状油炸定型成碗状，把白萝卜雕刻成仙鹤，将宫保鸡丁放入炸好的春卷皮内，以雕刻的仙鹤来点缀，与酒店方的菜肴一同呈上，也契合着崇尚相互理解、友谊、团结的奥林匹克精神。

而在设计双味水饺时，我的灵感来自当时当地的节气和景色。在中国，观雪景时最为高雅的事情便是赏梅，梅花一直也是我们民族不屈不挠、顽强奋斗的精神象征，于是，我用菠菜汁面团包素馅，原味面团包三鲜馅，双色双味放在草帽盘中添一点汤，旁边则画上树枝放上小梅花来点缀，让食用之人于瑞士雪景中欣赏“中国梅花”，了解中国精神和中国文化。

不负所望，当这两道菜呈上去时，效果非常好。

瑞士是一个小巧、精致、富裕的国家，蓝天碧水，高山白雪，又是一个浪漫而又深沉的国度，这里诗情画意的美景让人们心情舒畅，拥有更多的情趣享受自然，享受美食。其中芝士、巧克力、瑞士湖鱼是当地人最喜爱的三大美食。日内瓦湖是瑞士主要的产鱼区，瑞士湖鱼无论是否叫得上名字，肉质都是一样的滑嫩，味道鲜美无比。瑞士人一般喜欢在主餐中加一道鱼，清蒸、香煎或做汤。最具特色的要数奶酪，奶酪被称为芝士、干酪，它是瑞士美食的重要食材

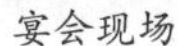
宴会现场

宫保鸡丁

瑞士酒店的菜肴

之一，瑞士首创的奶酪火锅更是家喻户晓。瑞士巧克力世界有名，特别是手工巧克力及巧克力火锅。

而瑞士人举止文雅大方、语言风趣、讲究礼仪，给人的第一印象是非常有修养。他们与客人相逢时，不分国籍和民族都会点头问好，行走间也习惯互相让路，对妇女极其尊重，公共场合都有“女士优先”的习惯。逢有客人光临，他们都会以当地的特色美食热情款待客人，不过就餐时，不喜欢听到餐具互相碰撞的响声和咀嚼食物的声音。在宴席上对宴请方最大的赞赏就是再取一些你已品尝过的食品。

其实，瑞士的食礼是典型的西方食礼，瑞士民族由瑞士籍日耳曼人、瑞士籍法兰西人、瑞士籍意大利人和少数列托罗马人后裔组成，拥有 4 种官方语言，继承和沿袭的是来自法国、意大利的饮食文化。

也许今天我们不能忽视这样一种现象，当今国际通行的礼仪基本上是西方礼仪，甚至元首访问的仪仗检阅、军队演奏国歌及一些国宴礼仪等，几乎各国都是统一模式。为什么会如此？是因为他们的文化、礼仪更为高级吗？ 我觉得有两个非常重要的原因：

一是国家实力，西方自迈入资本主义社会，社会经济发展始终居于世界前列，强大的国家实力，往往意味着强大的文化输出能力。

二是文化自信，西方人价值观比较统一（如共同的宗教信仰），对自身文化有高度的认同感和觉悟性。而且随着社会的发展与历史的进步，精神与物质、政治与文化高度契合，西方人获得高度的自信及优越感，这种自信和优越感赋予了西方文化强大的感染力，使其礼仪文化逐渐影响全球，被视为世界标准。

这就好比一千多年前的唐朝。开元盛世时，强大的国家实力让当时的人们极其自信、自豪，也让中国最具世界影响力。与此同时，中国文化也在向各地输送，各国的留学生、学问僧回国以后，也就将中华文明带回他们各自的国家。而唐朝使者和民间团体也主动地走向西域、日本，将唐朝文化带去异国他乡。以至于现在不少国家还称中国人为“唐人”，华人聚集的地方叫“唐人街”。

现在中国正在实现中华民族伟大复兴，正在圆一个富强、幸福的“中国梦”，一带一路，构建人类命运共同体……随着中国国力的不断提升，大国地位的崛起，中国文化也再一次在世界被熟知和认同。在尊重他国文化的前提下，每一个人更是要重拾文化自信，让世界品味中国。

第十二章

和，“致中和，天地位焉，万物育焉”

凡一物烹成，必需辅佐。要使清者配清，浓者配浓，柔者配柔，刚者配刚，方有和合之妙。

——袁枚《随园食单》

一个“和合之妙”，道尽食材与食材相配而成的美味哲思。其实，不唯美食，人间万事也同样讲究“和合之妙”。“和”是中国哲学的核心思想，中国人味觉上的经世意义就在于：将获得多样性的物质享受和反思美味的哲思贯通起来，从五味调和，到人际之和，到家国政事之和，以寻求人与天地万物间的平衡之道。

小地方大智慧的饮食内涵——比利时

“和”的精髓在于“和而不同”，由“和而不同”而“和而无穷”。

《黄帝内经·素问》黄帝和岐伯问答中，关于四方饮食，岐伯这样描述，概括起来就是：东方之民食鱼而嗜咸，西方之民华食而脂肥，北方之民乐野处而乳食，南方之民嗜酸而食胕，中央者，其民食杂而不劳。何以有这样的区别？“地势使然也。”

东方气候温和，是出产鱼和盐的地方；西方多山旷野，遍地沙石，多风，吃鲜美的酥酪骨肉之类可帮其抵御风寒；北方寒风凛冽，人们喜好游牧生活，吃牛羊乳制品可提供所需的高热量；南方地势低下，水土薄弱，喜好吃酸类食品；中原地区地形平坦，物产丰富，所以食物种类很多。

饮食因地而异，因人而异，所以，同属于中国饮食文化圈的八大菜系并驾齐驱，和而不同，也正是和而不同，才造就了中国饮食文化的“和而无穷”。

欧洲国家由于地缘、文化渊源关系，往往被外界视为一个文化单元，在这个文化单元的饮食中，法式、意式、葡式也争相辉映，共同构建了一个丰富多彩的西方饮食文化圈。而在西方饮食文化圈中，比利时是一个非常独特的存在。

比利时曾经被法国、荷兰及奥地利统治过，正是它如此特殊的历史，使其本身文化集欧洲各国之大成，加之比利时自身的地理、人文等特征，令比利时饮食文化呈现出一种“和而不同”的经典韵味，被称为“美食王国”，其美食在欧洲的地位仅次于法国。

2014 年 3 月，我因工作任务，来到比利时首都布鲁塞尔。到达时已是饭点，大家在酒店旁的餐厅用晚餐。

对于西餐，大家都形成了一个共识，认为牛扒是最好的菜。确实，单就价格来说牛扒较贵，也比较符合中国人口味，因此点餐时大家都点了牛扒和啤酒。虽然上菜很慢，但是当牛扒呈上来，肉嫩味香，半个多小时的等待也算值了。而比利时的啤酒口感清香醇正，并不比德国啤酒逊色。

接下来几天，我一直待在厨房做一些准备工作，并对酒店的特色菜肴事先品尝，研究主料、配料以及口味，然后选出适合的、有代表性的，配上图片、文字说明后送至厨房。通常对于选定的菜肴我会订两份，用来品尝及留样，这是我工作的习惯，既是对工作负责，也是对自己负责。

餐厅的煎牛扒

4 月 1 日，这里的工作结束，趁着一点空闲时间，我在布鲁塞尔逛了逛。

布鲁塞尔是比利时最大的城市，有 1000 多年的历史，名胜古迹很多，拥有深厚的文化底蕴，是欧洲著名的旅游胜地，也是当今欧盟的主要行政机构所在地（欧盟四个主要的机构当中，欧洲理事会、欧盟委员会和欧盟理事会位于布鲁塞尔，欧洲议会在布鲁塞尔也有分处），所以它有“欧洲首都”的美誉。

我们先去了布鲁塞尔大广场，法国作家雨果曾赞美这里是“世界上最美丽的广场”，到了之后我深以为然。广场并不大，但是四周繁复、精美的哥特式建筑让我们感觉眼睛已经不够用，不知道手中的聚光灯应该照在谁的身上，哪个该更细细欣赏。广场还十分富有生活气息，各种酒吧、巧克力店、餐馆点缀四周，其中天鹅餐厅是当年马克思和恩格斯曾经生活过的地方，著名的《共产党宣言》就在这里诞生。

大广场右侧是独具风格、雄伟恢宏的布鲁塞尔市政厅。这是一座典型的哥特式建筑，造型宏伟，空灵高耸，十分引人注目。

布鲁塞尔大广场

从市政厅左侧小路进入，直走十几分钟，便是大名鼎鼎的“撒尿小童”于连的铜像。虽然位置有些偏僻，铜像也并不高大威武，但它却是布鲁塞尔的市标，在世界享有盛名，几乎全世界的人们到布鲁塞尔时都会去看。

关于“撒尿小童”的传说很多，流传最广的说法是当年西班牙入侵者撤离布鲁塞尔时，准备炸毁这座城市，勇敢的小于连用尿浇灭了炸药的导火索，保住了城市，小于连却中箭身亡。人们为纪念这位小英雄创作了这尊铜像，并把小于连看作“永久荣誉市民”。

“撒尿小童”于连铜像

1698年，为了庆祝布鲁塞尔从法国人的战火中重生，当时的统治者给他穿上了一件蓝色的缎子上衣，并戴上一顶有羽毛的帽子。从此，重要活动期间小于连都会穿上衣服，而且到访比利时的各国政要、名人就像亲朋好友经常送衣服给小孩一样，也会送衣服给他，以示友好，300 年来小于连可谓“收礼不断”。现在他拥有全世界最多的衣服，在他的“衣柜”里还有不少带有中国特色的衣服。

离开小于连，我们接着参观了布鲁塞尔皇宫和原子球塔。

布鲁塞尔皇宫坐落在布鲁塞尔公园旁边，是比利时最雄伟的建筑，大理石的建筑布满了浮雕，气势宏伟、壮观。

原子球塔位于布鲁塞尔西北郊的海塞尔高地，有“比利时的埃菲尔铁塔”之称，其设计构思是将金属铁分子的模型放大 1650 亿倍，塔身是粗大的钢管将 9 个巨大的金属圆球连成的正方体。

凡有深厚历史文化的地方都有丰富的美食文化。

比利时位于欧洲西北部，地处法国、荷兰和德国中间，受多元文化影响，其饮食一方面带有欧洲国家的特色，以西餐为主，习惯使用刀、叉，以面食为主，菜肴普遍要求清淡，保持原味及营养；另一方面将法国与德国料理的精华巧妙融合，创造出了独树一帜的比利时美食，拥有独特的“饮食符号”，如比利时海鲜、比利时巧克力、比利时啤酒。

比利时以各式海鲜著名，如盛产的贻贝，肥大口味佳，在各种烹调方式中以白酒蒸贝最能体现其鲜美原味；北海灰虾配番茄是一直被众多外国人倾慕的法兰德斯特有的美味佳肴。

而全世界最好的巧克力也在比利时。比利时人发明了夹心巧克力，从而可以在其中加入奶油、果酱、坚果等各种风味的馅料，使巧克力的口味丰富，外硬内软，精致多变，给人们带来更多的美味体验。

酒店的菜肴

也许相较于巧克力，同样精致的比利时啤酒知名度要逊色许多，风头往往也被邻国德国啤酒盖过。其实比利时啤酒文化相当悠久独特。比利时拥有300多个啤酒种类，而代表比利时啤酒酿造最高水准的是修道院啤酒。比利时的修士们从公元5世纪就开始酿造啤酒，这是修道院非常重要的经济来源。随后成百上千年时间里修道士们完善酿造啤酒的配方，因此不同修道院产出的啤酒，风味也完全不同。另外，比利时人在喝啤酒时通常会加一块干酪（比利时干酪有几十种），别有一番风味，而且不少菜肴烹调时会加入啤酒。

所以，比利时虽然属于西方饮食文化圈，但相较于欧洲其他国家却有着鲜明的特色。其实所有国家、地区的饮食莫不如此，因地缘、相近的风土人情、相近的食材、相近的烹饪特色等因素皆可纳入一个相应的饮食文化圈，但是又拥有着自身的特色，正如《国语 · 郑语》所言“和实生物，同则不继”。

东西方纽带“美食约会”——南非

也许优越的地理环境能够带来“食和”，但是只有良好的政治、经济环境才能够带来“人和”。

中国饮食文化是以“和”为出发点，“和谐”是其追求，有两重境界：

第一重“食和”，五味调和，追求色、香、味、形、趣的有机统一，主次分明、浓淡相宜、和谐悦目、兼容并蓄，八大菜系及西方饮食和谐相生，和美共存。

第二重“人和”，讲究席规、酒令和食礼，谐调适中，不偏不倚，注重团结、礼貌、共趣、和平的气氛，崇尚和谐圆满。

这样的“和”境界基于生理上的协调和科学上的适度，更包含心理上的和悦、哲理上的中和，是从物质与精神两方面满足人的本能需求，也是从“食和”到“人和”的理想境界。今天的中国，老百姓生活安定和谐，我们比以往任何时候更懂得享受美食，享受美好生活。

而同为发展中国家的南非，是连接东西方的纽带，长期以来东西方文化在此碰撞、融合，这使其饮食文化呈现出完全不同于非洲其他国家、地区的融合特色，但是它却并没有像中国般从“食和”真正走向“人和”。我三次因工作来到南非，对此体会尤为深刻。

2007 年 2 月，我飞往南非行政首都比勒陀利亚[①]。

到达当晚便是欢迎宴会，我也为此精心准备了几个菜品，为了和对方保持同步，上菜时还将两道菜拼在一起，和对方一道出菜。

接下来工作期间，我得一点空闲，去市区转了转。

① 南非是世界上唯一同时存在三个首都的国家，行政首都比勒陀利亚（2005年改名为茨瓦内，但国人依旧习惯称为比勒陀利亚）是南非中央政府所在地；立法首都开普敦是南非国会所在地，是全国第二大城市和重要港口，位于西南端，为重要的国际海运航道交汇点；司法首都布隆方丹，为全国司法机构的所在地。

外方宴会菜肴

比勒陀利亚当地白人、黑人各占一半。整座城市并不大，十分欧化，风光秀美，风景如画，素有“花园城”之称，车行街头，如果不是身边黑人络绎不绝，你根本意识不到自己正行走在一座非洲城市中。

联合大厦是南非政府及总统府所在地，坐落在一座小山上，是一座气势雄伟的花岗岩建筑。大厦前面是整齐优美的花园，立有不同的纪念碑和雕像，大厦后面有大片的丛林和灌木区。登上大厦顶层，可俯瞰整个城区，并远眺城外那辽阔粗犷的非洲热带草原。

联合大厦

南非钻石全世界闻名，抱着好奇心，我们走进了一家钻石店。钻石店设置了两道门，外门是一道铁栅栏，有人要进时保安便开锁拉开，待人进入，马上关闭上锁，再打开第二道门。对每一个进出的顾客都是如此。这里的保安都配备枪支，整装以待的阵仗颇令人生畏，让人觉得很不安全，我们简单看了看便马上离开了。

南非的治安不是很好，但是我们无法否认南非是个好地方，地理位置优越，自然资源丰富，环境好，气候宜人。肥沃的土壤和广阔的海洋，为这里提供了丰富多彩的美食原材料。其中鸵鸟肉是一大特色，南非鲍鱼人人皆知，红酒也不逊色。所以这次，我特意使用了南非鲜鲍制作浓汤汆鲜鲍，用餐时也使用了南非红酒。

这次行程非常匆忙，对南非不过匆匆一瞥，还未尽情领略其独特的饮食文化，第三天我们便随专机前往下一站莫桑比克。只是没想到时隔 6 年，我再次来到南非比勒陀利亚。

第一次到南非时，我对当地的市场并不了解。而这次的市场之行，给了我极大的惊喜。市场物品种类非常多，有自产的也有进口的，甚至连中国的盖菜、木耳菜、苦瓜、佛手瓜等都有，根本不像非洲的市场。其中本地产的牛肉品质非常好；国王鱼是当地比较有名的鱼种，肉质细嫩、洁白，富有弹性；南非鲍个头大、品质高，享誉海内外，其中最出名的是南非青底鲍，也叫南非青鲍，大的净肉一斤多一个，世界少见……我还看到了冰菜，虽然冰菜在亚洲和欧洲都有分布，但是非洲才是它的“家乡”。冰菜不仅好看，吃起来也很特别，口感冰爽，带一点苹果的酸味和天然的咸味。

这里的市场让我十分激动，我还用鸵鸟肉、冰菜、南非鲍等当地特色食材制作了菜肴。

随后，我们从比勒陀利亚乘车到约翰内斯堡，然后飞往德班。

德班是南非东海岸最为繁忙的港口，也是通往非洲大陆和印度洋国家的“大门”，当地大片的海滩，宜人的气候，亦是旅游度假胜地。海岸线有很多现代化的酒店和娱乐设施，丝毫感觉不到非洲的气息。

其间，有一个重要的早餐会，我们很早就进厨房准备，精心设计了丰富的菜品，中西结合。虽然只有两个人忙碌，很辛苦，但我们心里却是非常骄傲的。

南非任务结束，还有点时间，我们便坐缆车到南非奥运会闭幕馆上俯瞰德班，感受了一番不一样的非洲海边风情。但是这里的治安不好。尽管来到这么美丽的地方，我们也不敢“放

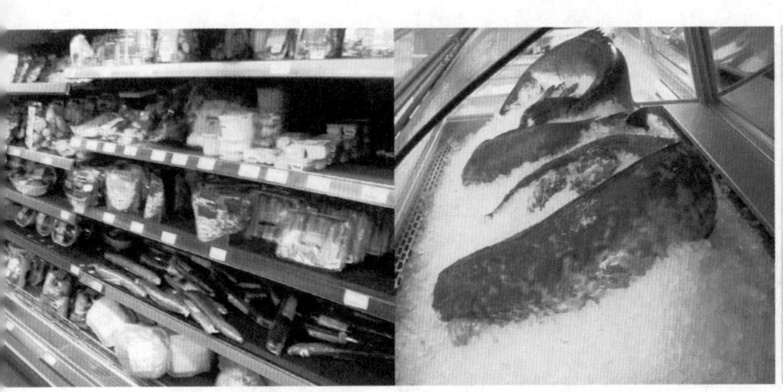

当地市场

黑椒煎鸵鸟扒

酒店的菜肴

肆”地游。虽有些遗憾，但出门在外，安全第一。

2015 年 11 月，我来到南非的约翰内斯堡。

非洲是“动物天堂”，每一个到非洲的游客必然想去看看野生动物，我们也不例外。这次闲暇之余，我们观光的第一站就是南非国家动物园。它是国立动物园，世界上最大的动物园之一，占地面积 85 公顷，园内动物超过 3500 种。动物们在此自由生活着，但能见到多少，就要看运气了。当天我们看到的大多是斑马、角马等食草类动物。

从动物园出来，我们又去了先民纪念馆。这是一座由花岗岩巨石建造的殿堂，主要为纪念 19 世纪中期欧洲荷、德、法等国赴非洲的开拓者（史称先民）为追寻自由而展开的大迁徙事

南非国家动物园

件。整个纪念馆以荣耀为主题，运用雕塑、史料、图片、实物等多种艺术手法刻记了大迁徙的故事。每一个到来的人都会被它雄浑伟岸的身姿及庄严浓重的人文气息所感染、震撼。我登上顶层，环顾四周苍茫浑然的大地，不由生出一种天地悠悠、茫茫世间的遗世独立之感。

不过最令我感动的是这里的厨师，他们非常热情友好，你有什么问题和他们讲，明白之后便会马上帮你解决。有一次需要一朵食用鲜花，于是我和总厨一边说着“flower”一边用手比画着，他明白了，告诉我等一下，一会儿送来，我说不急。过了一个小时总厨就将花送来了。

酒店总厨是冰岛人，高薪聘请来的，这几天我们相处得非常愉快。空闲时他会邀请我到他的办公室坐一坐，让服务员给我送咖啡，还将他电脑中自己的菜品向我展示。他制作的菜品非常棒，还在国际比赛中拿过奖。而我也拿出手机将自己做的菜品图片给他看，彼此用手势交流、学习。虽然语言不通，但是大家都是厨师，非常清楚你需要什么，在说什么，共同的职业就是我们共同的语言。

和酒店厨师合影留念

这次还有两个重要的早餐宴会，通常这样高规格的宴会，在国内至少要几个人来做准备。但是在国外条件有限，只有两个人，难免要花费更多的时间和心思。于是凌晨 4 点我们便钻进厨房，按照一小时宴会准备，内容是冷头盘、西式汤、鲜蘑炒鸡蛋、点心拼盘、水果。很欣慰，早餐宴进行得很顺畅，只是服务人员少，上菜慢了点。但整个宴会效果非常好，也算不辱使命了。

第二天早上还有一场，我们设计了完全不同的菜肴，但是流程是一样的，一切也都非常顺利。

早餐会菜品

这次工作结束，我们在酒店旁曼德拉广场的一家餐馆用餐。我们点了牛扒、沙拉及当地啤酒（其实应该喝南非的红酒，南非的红酒也非常好），牛扒肉质和口感都很不错。这几天基本没踏实吃顿饭，工作圆满结束了，大家都很放松，畅饮了一番。

三次到访南非，当地鲜美的食材给我留下了深刻的印象，令我不得不承认这是一个好地

当地牛扒

方，地理位置、自然风光、气候条件都是令人艳羡的。也正是这样优越的地理位置、丰饶的物产，为南非饮食打下了“融合”的基础。

南非位于非洲大陆最南部，东、南临印度洋，西临大西洋，地处两大洋间的航运要冲，是连接东西方的纽带。由于殖民者的入侵和移民的增多，南非的烹饪技术来源于很多民族，是各种文化和传统的综合。在这里中国、印度、欧洲等世界各地菜肴应有尽有，喜欢美式快餐的游客也可以在这里找到汉堡、热狗和炸鸡。如果还不尽兴，南非各地的餐厅也有很多很好的本地菜可以选择，如鳄鱼肉排、鸵鸟炖肉或是由大羚羊、跳羚羊肉制作的可口、精美、富有异国情调的山珍海味，定能令你大快朵颐。南非当地人也非常适应和享受这种“食和”文化。

然而有些遗憾，“食和”的南非却并未实现“政通人和”。历史上南非曾奉行种族隔离制度，对白人与非白人进行分隔，并在政治经济等各方面给予区别待遇，直到 1994 年南非共和国因为长期被国际舆论批判与贸易制裁而废止这种制度。如今南非虽然奉行和解、稳定、发展的民族政策，努力实现“人和”，但也许是历史遗留问题，也许是非洲这个大环境，南非贫富差距依然很大，因此整体社会环境并不安定，便令其“不安全”与其美景、美食一般“闻名于世”，经济发展也于 20 世纪 90 年代开始陷入倒退。

一直以来南非都是非洲大陆的领头羊，南非也全然不同于非洲其他国家那般经济落后、物资匮乏，其经济发展水平和国家治理水平处于明显的领先地位。凭借其强大的经济和政治实力，南非在非洲尤其是南部非洲事务中的影响力首屈一指，在非洲和国际事务中也正发挥着越来越重要的作用。

食物于每一个人来说都是平等的，美味对每一个人来说都是互通的，和谐幸福的生活对每一个人来说都是共同的期望，希望占尽地利之便的南非，能够从“食和”真正走向“人和”，国家政治、经济、社会能如当地多元饮食文化一般和谐发展，为非洲人民率先开辟出一条和谐、幸福的发展道路。

酒店餐厅“体验”

食材小传 南非鲍

鲍鱼是南非特产，世界已知鲍鱼品种有 14 种，其中 6 种生活在南非海域，因其个头大、品质高，在国际市场上一直颇受青睐。其中青鲍（底部为青绿色）是仅能在南非海域找到的 3 种珍稀鲍鱼品种之一，市场非常少见。青鲍生长周期需要 7~9 年，可生长 30 多年，最大青鲍贝壳长度可达 23 厘米，24% 的重量为肉质。

南非鲍鱼在国际市场持续走俏，引来大量盗采、走私者，导致南非鲍鱼数量锐减。南非鲍鱼也因为濒临灭绝，被列入《濒危野生动植物种国际贸易公约》名单中。如今在南非，鲍鱼不能随便捕捞，必须持有南非农林渔业部签发的鲍鱼捕捞许可证才能在规定季节内按量进行合法捕捞。

食、景、人，“三位一体”的和美意境——塞舌尔

“饮食之和”，“和”的真谛是和谐，反映在美食上，是包罗万象；融会在环境中，是秀色可餐；体现在人身上，则是人寿年丰。

良辰吉日，好友知己，天伦至亲，舒心小酌……再辅以美食、美器、美景，中国人进餐时讲究良辰美景、可人乐事，正所谓时、空、人、事诸多因素和谐相生。只是我没想到，这种和谐我居然在非洲的塞舌尔也体会到了。

塞舌尔与南非虽同是非洲国家，也都是多元饮食文化，但是与南非不同。这里的人平等有爱，富足快乐，加之海岛的优越地理位置和环境特色，仿佛在向每一个来到这里的人演绎着什么是真正的“天时地利人和”，这也让塞舌尔成为非洲最为独特、最令人向往的一个存在。

2007 年，我乘飞机抵达塞舌尔首都维多利亚开始了新的工作。

从机场前往市区，一路上虽然盘山道不是很好走，但我还是被眼前的美景震撼了：奇峰幽谷，巍峨多姿，林木扶疏，葱茏碧透，景色清幽而绚丽。

我们下榻的饭店位于博瓦隆海滩。博瓦隆海滩是全球最美海滩之一，长达 4 千米，白沙细腻，海水呈深绿、浅绿、深蓝、浅蓝四色向天边延伸，每年吸引着众多游客来这里“朝圣”。饭店分主楼和木屋别墅两部分，四周环绕着缤纷艳丽的热带花园，入住这里的人可以很惬意地在露台和阳台上欣赏塞舌尔的热带植物风光和别致的大海景致。

因为晚上有欢迎宴，我们对眼前的美景只能匆匆一瞥。晚宴出品的菜式是法式，席间还有文艺演出。

博瓦隆海滩

饭店的晚宴菜肴

第二天早上 5 点多我就进入厨房开始准备。其中比较烦琐的是飞机餐，整个过程需要花费很长时间。

晚餐后，这次工作任务圆满结束。我简单收拾了一下，便来到沙滩放松一下疲惫的身心。洁白细腻的沙子，晶莹剔透的海水，一望无际的蓝天，如此美景，我的精神不由为之一振。我回房间取了泳裤下海畅游了一番，一解疲惫。

我们第四天早上回国，因此第三天有一整天时间可以自由安排，我便乘小飞机前往外岛普拉兰岛参观。

普拉兰岛是塞舌尔共和国的第二大岛，是塞舌尔的人间天堂，充满了热带雨林的绚丽色彩和神秘气息。从空中俯视普拉兰岛，其外形犹如一把小剑，斜躺在蔚蓝色的海水中。沿着“小剑”的边缘，是两条平行的环岛公路，中部多为山地地形。

下了飞机，我们先去了月亮湾和五月谷。

如果说塞舌尔是人间天堂，五月谷就是这天堂里的伊甸园。五月谷面积只有 19.5 公顷，坐落在普拉兰岛中心，是目前世界上最小的自然遗产。因 7000 多棵海椰树而闻名于世。

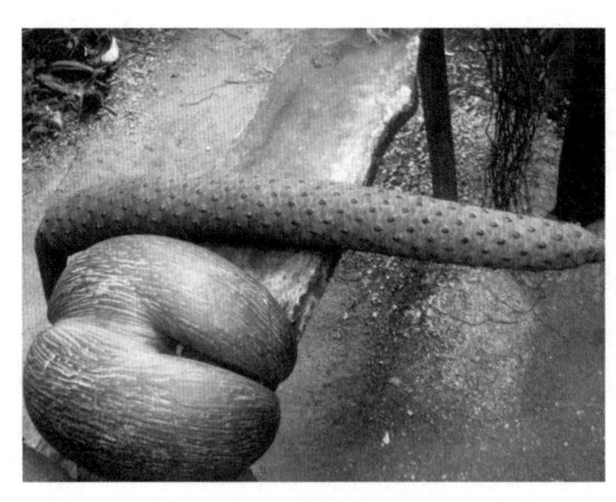
海椰子

这里的海椰树高 20~30 米，树叶呈扇形，宽 2 米，长可达 7 米，最大的叶子面积可达 27 平方米，活像大象的耳朵，因此也被称为“树中之象”。其果实海椰子造型奇特，坚果内的果汁稠浓至胶状，味道香醇，可食亦可酿酒。海椰子的椰壳经雕刻镶嵌，可作装饰品。因此海椰子是塞舌尔创汇手段之一，被塞舌尔定为国宝，其管控很严格，必须有标号才能出境。

随后我们去了一处海滩，只见清澈的海水抚着绵长的海岸，轻轻地拍着白色的细沙，三三两两的游人，或沐浴阳光，或水中畅游，好不自在惬意。我们也禁不住诱惑纷纷下海畅游了一番。午餐，大家就在海滩上吃烧烤，品尝当地美食，有烤鸡、烤鱼、烤虾……畅快淋漓。

第四天早上 6 点多我就起床了，这些天太紧张，还没有完全松弛下来，睡得并不是很踏实。中午我们前往机场，在毛里求斯转机，趁停留的时间，大家便去市区转了转。

回顾在塞舌尔首都维多利亚的这几天，我感慨颇深。

维多利亚是塞舌尔政治、经济、文化中心，大海、沙滩、花草、山石等与海边的建筑融为一体，风景优美秀丽。而市区布局也非常精巧，有南北、东西走向两条主干道，标志性的钟塔矗立在市中心，整个国家就维多利亚市中心一个路口有信号灯。当地人开车也非常文明，经常倒车礼让，安全又友好。

塞舌尔地处西印度洋，由 115 个大小岛屿组成，西临非洲大陆，东望印度，加之历史上曾沦为英法等国的殖民地，因此当地饮食文化深受亚非欧烹饪风格影响。其中克里奥尔餐和东南亚饮食很相似，既有原汁原味的清新，也有很强烈的辛辣味道，你可以在当地许多菜肴中发现各种类型的咖喱和香料，椰奶也是一种必备的原料。当然，这里最受欢迎的还是海鲜，鱼和贝类的制作更是融合了多国的烹饪方式，风格不同，口味各异，令人大饱口福。

矗立在市中心的标志性钟塔

然而真正打动我的却不是这里的美味，而是生活在美食美景中的塞舌尔人。

塞舌尔和南非一样是移民国家，塞舌尔人肤色各异，但是不管白、黑，还是黄、棕，他们都自称为克里奥尔人①。在塞舌尔，不同肤色、不同宗教信仰的人平等、和睦相处。在市中心的独立大道上矗立着一座三只飞翔的海鸥的雕塑，象征着塞舌尔人民来自欧、亚、非三大洲，而热情好客更是塞舌尔人引以为豪的民族习性。

同时，依靠优越的自然条件，塞舌尔以旅游业为经济第一支柱，全境 50% 以上地区被辟为自然保护区，当地人的环保意识也非常强，每砍一棵树都要报环境部审批。在海洋公园海域，为了保护热带鱼类，不但禁止捕鱼，当地人还通常会劝阻游客拾捡贝壳……人与自然相谐而生。国家更是实行免费教育、医疗、终身保健、全面就业计划等高福利政策，当地人的生活非常悠闲自在，令那些来自繁忙都市的人羡慕不已。

确实，置身于塞舌尔，看着眼前的美食、美景及当地人友好和睦的一派和美景象，我的心中不禁生出一种“这才是人类社会该有的样子”的感慨。

---

①克里奥尔人：在拉丁美洲的不同地区，克里奥尔人一词有各种含义：它可指当地出生的属于纯西班牙人血统的人；也可专指殖民时期在当地安家的西班牙名门望族的后裔；或仅指城市欧化居民，以与农村的印第安人相区别。在秘鲁这类国家，“克里奥尔”这个形容词专描绘一种精神饱满的生活作风。“克里奥尔”一词还有一些特殊含义：在西印度群岛，它是地方黑人土话的别名。在美国路易斯安那州，“克里奥尔”还指一种地方风味的烹调法，采用稻米、秋葵、番茄、胡椒、海味等。

“中国是兄弟”——巴基斯坦

美味源于万物的调和之道，和合则源于万事万物的并行与包容。

袁枚在他的《随园食单》里说：“凡物各有先天，如人各有资禀。”一物有一物之味，不可混而同之，即便是同一水果，淮南为橘淮北为枳，因为生长的土壤和环境不同，便有不同的品性。

清代的童岳荐先生在他的《调鼎集》里就说：“配菜之道，须所配各物融洽调和。”中华美食的一个最大特点就是，凡能称为一道菜品的，通常是由食材与食材的相互配合和融合而成的，也有单独成菜的，但往往也需要各种调料提前煨制。

因此，中国饮食的调和之道，是尊重食物自己的品性，讲究食材间的相互配合，高明的厨师也一定是十分熟悉每一种食材的属性和味道，既不能使它们发生冲突，又要调适它们的关系。而这种调和就是食材间的一种群居合一、互惠互利。

其实，一个国家亦是如此。国家就是一道已经成型的精美菜肴，不同的地区、民族就是不同品性的食材，互相包容、理解，风雨同舟，共同演绎成一个和谐发展的社会。任何一个国家、一个民族也都是在这种承前启后、继往开来中走到今天。

巴基斯坦拥有悠久的历史，曾经的古印度文明便产生于此。因其历史、地理和种族等因素，巴基斯坦文化是中亚、南亚和西亚的“大熔炉”。2006 年 11 月，我因工作原因乘飞机飞往巴基斯坦首都伊斯兰堡。我也因此有机会体验到巴基斯坦的文化特色及其对中国深厚的情谊。

从机场前往市区，只见马路两边站满了身着节日盛装的巴基斯坦人，他们拿着中巴国旗，举着“欢迎中国兄弟”的条幅，对着车队热烈欢呼。我到过那么多国家，巴基斯坦人的热情是

在伊斯兰堡入住的酒店前留念

前所未有的。

伊斯兰堡是巴基斯坦的政治中心，北靠马尔加拉山，东临拉瓦尔湖，群山起伏，湖水清澈，是一个山清水秀的地方。它是一座年轻的城市，市区内没有文物古迹，道路两旁、建筑之间，到处都是绿树、草坪、鲜花和喷水池，环境清新优美，建筑有着浓郁的伊斯兰风格，别具特色。

第三天早餐后，我们乘飞机前往巴基斯坦的拉合尔。午餐后，我们有点时间，便去市区了解一下当地的风土人情。

拉合尔是巴基斯坦第二大城市，拥有 2000 多年历史，曾是莫卧儿帝国首都。1000 多年前，唐代高僧玄奘曾来此访问，并在著作中详细介绍了这座城市的风貌，成为历史上关于这座城市最早的记录。现在拉合尔是巴基斯坦文化和艺术中心，拥有众多的名胜古迹，有“巴基斯坦灵魂”之称。在巴基斯坦流传着这样一个说法：一个巴基斯坦人要是没有去过拉合尔就等于白活。

而拉合尔城的建设也充分反映着这座城市的历史变迁，莫卧儿帝国时代留下来的建筑精美庄严、富丽堂皇；英国统治时期的豪华住宅、行政、教育和商业机构建筑，排列有序；独立后建起的住宅区、商业中心，具有现代化城市风貌……

因为下午我们还需准备晚餐，所以这些美景只能匆匆一瞥。

如果说有一个国家的文化与其国际形象形成鲜明对比，那一定是巴基斯坦。经济上发展缓慢及与印度的纠葛，让很多人对巴基斯坦的认识带有“偏见”。其实巴基斯坦拥有多样性且呈现出多元化的灿烂文化。

这里是古印度文明的发祥地，是历史上多种文明交会的十字路口。巴基斯坦是多民族国家，有很多族裔群体，如其中包括旁遮普族、信德族、巴丹族（普什图族）、俾路支族等，他

拉合尔古堡

们的身体特征、历史血统、风俗习惯等各不相同，但都一样充满激情、热情，富有表现力，就如他们的文化一般。

在这样多元的文化氛围中，巴基斯坦不同地区的烹饪风格和烹饪技术也有所不同。如信德省和旁遮普省以其辛辣美食而闻名，与印度食物相似。今天，国际饮食也影响着这个国家，“融合食物”在城市地区很是常见。但总体而言，他们喜欢吃香辣的食品，没有炒菜的习惯，制作菜肴都用平底锅和高压锅，不用炒菜锅，所以无论是牛、羊肉，鱼或是各种豆类、蔬菜，均炖得烂熟。

而在中国，很多人都非常亲切地称巴基斯坦为“巴铁”（中国最铁最坚实的兄弟），在中国的邻国当中巴基斯坦和中国的关系是最好的。

在巴基斯坦处处都能感受到巴基斯坦人对中国人的友好。巴基斯坦只分两种场所，一种是不准许西方人进入区，另一种是持中国护照的 VIP 通道。除此以外，巴基斯坦最大的公园，只对中国人免费开放；商店标语会打出“中国人特价”；他们不允许有任何破坏中巴关系的行为……每一个到过巴基斯坦的中国人都能切身感受到巴基斯坦兄弟的热情和真诚！也许巴基斯坦和中国文化习俗迥异，但“君子和而不同”，中巴之间依旧结下了深厚的情谊。我也相信“万物并育而不相害，道并行而不相悖”，推进人类各种文明交流交融、互学互鉴，是让世界变得更加美丽、各国人民生活得更加美好的必由之路。

第十三章

盛，“来扫千山雪，归留万国花”

治大国若烹小鲜。

——《道德经》第六十章

老子将五味调和与安邦治国相提并论，用饮食文化来阐述治国之道也最为通俗易懂。也就是说，在中国传统文化中，饮食不仅属于个体生命的延续，甚至也符合修身齐家治国平天下的大道，这样深刻的思想在当今社会同样具有很现实的意义。

靠天吃饭的“贫穷之殇”
——喀麦隆/利比里亚

离心最近的是胃，只有吃饱了才有安全感。

中国自古就有“民以食为天”的说法，那么如何来解读这个“天”字？

在我看来，它至少有四层含义：

第一层，食是天大的事儿，事关生存、生活。

第二层，“天”是“天时”，是时序，是自然条件，人类饮食莫不与地理位置、气候条件等密切相关。

第三层，“天”是“天道”，一切事物由此开始，由此终结，一饭一饮也是如此，蕴含人间万物、社会事理运行的法则。

第四层，“天”是“天人合一”，人与自然、人与物、人与人和谐相处。

所以，“民以食为天”不仅仅意味着吃饭是天大的事儿，更是顺应天时、符合规律的生存之道。这是中国美食哲学思想的发端。人类社会、人类文明也莫不是顺应天时，依照规律而进化发展。

早期人类生产力水平有限，深受“天时”限制，故而靠天吃饭。今天人类社会生产力快速发展，反季节蔬菜、繁荣的物流、过剩的产品……人类似乎摆脱了“天时”的限制，在很多地方忍饥挨饿成了“过去式”，越来越多的国家也开始重视国家与国家之间的和平发展以及人与自然的和谐发展，人类文明呈现出前所未有的繁荣景象。可是谁又能想到，非洲与其他人口稠密的大陆不同，当欧洲、美洲、亚洲深受工业化、全球化、互联网化影响时，非洲一些地方仿佛被遗忘了，它似乎还处于“原始”状态，当地人依然靠天吃饭，发展较为落后。

2007 年 1 月，我到非洲的喀麦隆、利比里亚等八国工作（其他几国前文已介绍），整个行程从北到南，从环境到人种，从饮食到社会状况，强烈的对比、巨大的差异令我内心颇为感慨。

我从法国转机前往喀麦隆首都雅温得。第二天凌晨 2 点多我便醒了，挨到 6 点半起来，冲完澡，便想去阳台上看看外面的风景，没想到顺手将阳台门带上了。没拿钥匙，也没带手机，楼下的花园也不见人影，我想跳下去，五楼又十分危险。偏偏这时房间的电话铃一阵阵响起，我环顾四周，看到隔壁房间的阳台门是开着的，于是用拖鞋“投石问路”，可是两只拖鞋都扔过去了，还是没有一点声响。我又试着喊了两声“Hello”，依然没人应。情急之下，我从阳台爬到隔壁房间，才发现这里没有住人。然后我从隔壁房间出来，找酒店服务生帮忙开门，结果门被我在内反锁开不了（为了安全我睡觉时在里面将门锁上了），最终前后忙乎了近一个小时，服务生叫来工程部人员才将锁撬开。幸亏我起得早，没有耽误当天的工作安排。这件事情应该是我在国外最“荒唐”的一次经历了，至今记忆犹新。

接下来我们一直忙到下午。事情安排妥当，偷得片刻清闲，我们参观了一下市区。

雅温得位于喀麦隆中部高原偏南的丘陵地区，海拔高，气候凉爽，景色秀丽，风光无限。市中心有许多高层建筑，造型奇特，建筑周围随处可见高大挺拔的椰子树和香气四溢的杧果树。

我们主要参观了统一纪念塔、总统府和会议大厦。统一纪念塔是为纪念 1961 年东喀（法语区）、西喀（英语区）合并统一而兴建的。该塔为一座螺旋状建筑，塔身由两道相互缠绕的阶梯组成，盘旋而上，最后汇集于顶端，标志着东喀、西喀密不可分，国家最终实现统一。塔底建有展览厅，四周墙壁镶嵌着富有浓郁喀麦隆风情的装饰画。

第三天，我们去考察了当地市场。这里的市场食材品种不多，但热带水果不少，牛羊肉还不错。蔬菜在华人超市可以买到一些（中国人在这里开垦农场种植），而当地大超市的食材大

统一纪念塔留影

市中心的高楼大厦

多从法国进口。喀麦隆曾是法国殖民地，与法国的贸易往来比较多。不过不管进口还是产自当地的食材品质都有保障，特别是当地的蔬菜、粮食大部分都是有机食品。在非洲农药化肥都很贵，基本是“靠天吃饭”，加上热带炎热的气候并不适合农作物生长，所以出现在农贸市场的农产品个头都不大，总体产量也很低。

喀麦隆的工作结束，我们在隆重的欢送仪式中，乘飞机前往利比里亚。飞机到达蒙罗维亚罗伯茨国际机场，利比里亚人民热情地载歌载舞来欢迎中国友人。

欢迎仪式结束，我们前往市区，一路很颠簸，沿途看到了一些欢迎和观景的人，也感受到了这里的贫穷。总之一路走来，我心里颇不是滋味。

据联合国统计，利比里亚是全世界最穷、最不发达的国家之一。由于多年战乱，利比里亚经济受到影响，粮食都不能自给，物价和失业率很高，社会治安不好，市政设施落后，医疗卫生条件也很差。

和酒店厨师合影

路边的村庄

道路两侧的当地人

车队进入市区才见到房屋，当地人不顾高温，夹道欢迎，非常热情友好。

喀麦隆和利比里亚是我到达非洲的前两站，这里物资匮乏，当地人生活穷苦，让我很震撼（特别是利比里亚）。随后我又先后到过非洲其他一些国家，我眼中的非洲也开始变得丰富起来。在这样或壮阔或秀丽的自然环境中，当地人平凡而又别样的生活故事每天都在上演，他们的饮食文化虽然并不发达，也无法令世界瞩目，但依旧有着自身的特色。然而从整体而言，依旧摆脱不了“穷”和“乱”两个字，与今天人类社会的整体水平有着巨大的差距，令人感慨、揪心。

回想起距今并不久远的灾荒年代，对饥不择食的苦难大众来说，能填饱肚子的就是美味，吃饱也代表着安全。今天我们品味美食反思生命，美味的传承不只在于味蕾，而更应该回归对生命的关怀，对每一个生命的同情和帮助。同样，国家之于人类社会的意义恰恰是各族人民从历经的磨难之中升起共识、团结一致、努力发展，既是为了能够更好地站立于世界民族之林，也需要回归对其他民族、其他国家谋求发展的同理心，尊重、理解、帮助他们，因为整个人类社会是一个休戚相关的命运共同体。

中国对非洲有着特殊的感情。在所有有能力对非洲发展进行援助的国家中，中国保持了深度的同理心，愿意放下身段去认识、理解并发现非洲的真正需求，以有利于非洲发展的方式，提供可持续的长线援助（这也是一个大国所具有的责任和风范）。而长期以来，中国大使馆的工作人员和来到非洲参加援建工作的人员，他们用青春、热血和实际行动为帮助非洲实现可持续发展，为推进中非关系稳步迈向双赢写下了浓墨重彩的篇章。我们也相信未来会如习主席所指出的那样，中非命运共同体一定会更具生机活力，中华民族伟大复兴的中国梦和非洲人民团结振兴的非洲梦一定能够早日实现！

“欧洲粮仓”的“富”与“痛”——乌克兰

判断一个国家贫富最主要的依据是什么？是当地人民的生活水平。什么东西最能体现当地人民的生活水平？食物。

乌克兰曾是苏联的加盟共和国之一，国土面积的三分之二为黑土地，农业发达，有“欧洲粮仓”之称，也曾是令中国人非常艳羡的一个国家。当我到达乌克兰时，一方面被其美食所吸引，另一方面又为其发展命运而唏嘘。

2001 年 7 月，我结束俄罗斯的工作，然后飞往下一站乌克兰首都基辅。

我乘坐的是俄罗斯的老式飞机，在等待起飞时飞机上没有开空调，正值夏天，闷热得很（在世界上很少有航空公司的飞机不开空调的，这可能是我的一次“偶遇”吧）。事有巧合，我的座椅还是坏的，坐着非常不舒服，我找来空姐，虽然听不懂她讲什么，但大概明白了她的意思：她没办法，让我忍忍。也只能这样。中午到达基辅机场出了海关，我又等了好长时间。这次来乌克兰一波三折，真是“在家千日好，出门时时难”。不过很快乌克兰美食给了我很大的惊喜。

乌克兰有着璀璨的历史文化，舞蹈、音乐、油画等在国际上享有盛誉，以前是苏联的教育基地。中国当年派出的留学生多数在这片土地上学习、深造过。它也是一个物产丰富的美食国家。

红菜汤是乌克兰人一日三餐都离不开的国宝级汤品。从最初的乱炖发展到今天，红菜汤已成为世界知名美食。乌克兰大白猪久负盛名，是世界优良畜种，肉质香味独特，当地人用肥肉制成的萨洛，更是猪肉制品中的佳品。萨洛的吃法多样，将它夹进黑面包吃，回味无穷；将它

萨洛

乌克兰红菜汤

配以洋葱和伏特加食用，酒醇、肉香、葱烈，堪称美食绝配；此外还可以煮、熏、炸进行热食料理，很像南方人腌制的咸肉。这里奶制品和土豆制品很多，特别是土豆制品，炸土豆、烤土豆、煎土豆片、土豆泥……既可以当主食，又可以做配菜。看到这些土豆，不禁让我想起了我出生那个年代普通老百姓所羡慕的美食“土豆烧牛肉”。

这是我第一次参加随访工作，由于对国外原材料不是很了解，在蒸花卷时，我们遇到了“面粉问题”。当我像往常一样将花卷蒸好，打开蒸箱一看，原本看着很好的花卷瞬间塌了下去，像死面制成的一般。我们马上找原因，最后发现国外的面粉分得很细，有高筋、中筋、低筋之别。而我们使用的这种面粉需要多醒，并用凉水上锅蒸，蒸好后还需要等一下再打开蒸箱，这样蒸出来的花卷、馒头、包子品相才会好。可见，如果原材料的性质不同，制作的方法就要有所改变，即便是最基本的面食，如果不是内行，学得不专业，想做好也不容易。从此以后，我便格外重视国外原材料与国内原材料之间的差异，每到一个地方都会详细了解、学习。同时也非常感慨，好的厨师就应该是多面手，“厨海无涯”，活到老、学到老。

工作任务完成后，我们前往下一站雅尔塔。

在奥列安达酒店用过早餐，我查看了一下场地和设备，然后前往当地市场考察。

雅尔塔市场不是很大，物品也不甚丰富，多为洋葱、胡萝卜、土豆、芹菜、生菜及各种奶酪等，还有一些牛、羊肉，有些肉上面还趴着苍蝇。在市场做买卖的大多是女人，而且各个都很能干，不禁让我想到在哈萨克斯坦也是如此。

奥列安达酒店

当地市场

在市场时还发生了一段小插曲。当时正值夏天，肉挂在外面招了不少苍蝇，我们觉得不新鲜、不卫生。没想到老板听后直接将一小块肥肉放在嘴里吃了，然后不高兴地问："这肉不新鲜吗？都能这么吃。"其实市场的环境整体来说还可以，就是不知哪里来的苍蝇，可能当地人习惯了觉得没什么，但是出于职业敏感性，我对食品卫生、安全非常在意。

这一天还发生了一件令我尴尬的小事。我们如在国内工作一般，在厨房的水池边放洗涤灵、洗手液。结果酒店厨师长告诉我厨房不能放洗涤用品，否则不符合食品安全，厨房的洗刷另有人在旁边做，厨师不用干这事。这是西餐酒店的一套管理制度，我们有些不适应，中餐也没有那么多的锅来周转。但"客随主便"，我们去旁边洗刷。这也让我体会到国外厨师与国内厨师工作上的一些差别。

午餐和晚餐我们在酒店外面的餐馆解决，相对便宜一些，也品尝了一下当地的美食，红菜汤、白菜汤、红烩牛肉、烤串等。晚上在黑海边上散步，海滨大道及海滩上人特别多，有画画的，有卖小商品的，有演小丑剧的……好不热闹。

2011 年 6 月，时隔 10 年我再次因工作原因来到乌克兰。这次到访的是敖德萨。此时我已经有了不少国外工作经验，这次"故地重游"，一切进行得非常顺利。

两次到访乌克兰，也两次尽情品尝了当地的美味。乌克兰人的饮食习俗与俄罗斯、白俄罗斯等东欧国家大致相同，以面食、稻米为主食，人们喜欢吃面包，尤其是黑面包。但是乌克兰民族在烹饪艺术上是独具特色的，红菜汤、肉饼、萨洛、水果填鸭都是闻名于世的乌克兰美食。

而乌克兰美食也有着独特的历史文化内涵。乌克兰水资源丰富，黑土地肥沃，是欧洲的粮仓，地位非常重要，历史上经常成为欧洲国家的必争之地，特别是"二战"苏德战争爆发后，这片黑土地成了双方争夺的焦点。在那战火纷飞的年代，萨洛、小米、荞麦等原料经过简单烹

黑海海滨

芝士焗海鲜

饪，就成为炮火硝烟里的饭食。随着时间的推移，乌克兰饮食从“战场饭菜”逐渐演变，餐桌开始丰富起来，但是萨洛依然是当地人家家户户都会做的一道美食，不少人还保留着传统做法，用盐来腌制肥肉。我想这不仅有着历史的渊源，亦有着对来之不易的和平生活的珍惜。

虽然从饮食文化上我们可以看到乌克兰人生活水平并不低，但是作为欧盟与独联体特别是与俄罗斯地缘政治的交叉点，俄罗斯与欧美势力范围间的桥梁国家，乌克兰不断受到双方力量的来回拉扯，加之独立时间并不长（从欧洲中世纪到近现代，乌克兰不是被立陶宛、波兰统治，就是被沙皇俄国和苏联统治，真正独立发展的时间不足百年），这个国家的政治经济发展并不顺畅。

其实任何一个国家的发展都不容易，想要摸索出一条顺畅的发展之路，就如制作一道美味佳肴一般，需强调和各种原材料之间的对比关系，烹煮的先后顺序和适当的时机。希望乌克兰能摸索出适合自身的发展道路，真正实现团结、和平、富足。

技法小结 红菜汤

红菜汤制作的过程比较复杂，先将牛肉加洋葱、芹菜、香叶煮熟切片或切小块待用，然后将红菜头、胡萝卜切丝，用油炒一下，加圆白菜、土豆、洋葱（切小片）、鲜番茄（去皮，切小块）、蒜蓉、香叶、牛肉，慢火炖煮，最后出菜时在汤的面上放切碎的茴香和一勺酸奶油。

开在“丝绸之路”的友谊之花——土库曼斯坦

与一国深厚的饮食文化最相辅相成的是一国雄厚的国力和影响力。

2000 多年前，汉武帝继承前朝成果，把大汉体制进一步强化，国家威仪尽显，汉民族走向了一个新高度，强大的汉朝也让“汉人”这个名号流传至今。依托强盛的国力、兵力，汉武帝派遣张骞出使西域并为其扫除障碍。于是，葡萄、苜蓿、石榴、胡桃、胡麻、胡豆等，随同汉王朝使者的归来和域外饮食文化持有者的到来也进入了中国。“汉使取其实来，于是天子始种苜蓿、蒲陶肥饶地。及天马多，外国使来众……”（《史记 · 大宛列传》）这是当时丝绸之路盛况的描述。

而作为强盛国家的统治者，为了彰显国力和影响力，汉武帝不仅携外客视察，还“散财帛以赏赐，厚具以饶给之，以览示汉富厚焉”。于是令“外国客”“见汉之广大，倾骇之”（《史记 · 大宛列传》）。可见汉王朝的恢宏大度、精细周到，也让诸国充分感受到了大国的威仪和气度。

2000 多年后，中国正在实现伟大的复兴梦，国际地位不断提升，大国风范和影响力日益彰显，世界各国也为谋求自身的经济发展，积极参与区域经济和交通合作，早在 20 世纪 90 年代，乌兹别克斯坦总统与哈萨克斯坦总统就先后呼吁重建丝绸之路，因此丝绸之路也被赋予了更加丰富的新时代内涵。

而位于古丝绸之路要冲上的土库曼斯坦，也因丝绸之路与中国有着颇深的渊源。2000 多年前，这片土地一方面作为汗血宝马（阿哈尔捷金马）的故乡被人熟知，另一方面以其丝绸之路的重要枢纽地位积极参与这一段荡气回肠的东西交往史。800 多年前，一支千余人的队伍从土库曼斯坦出发，沿古丝绸之路东迁至青海东部黄河边，落地生根，成为中国今天的撒拉族，至今撒拉语与土库曼语的词汇、词根是一样的。[①]2000 多年后，虽然汗血宝马成为历史，但是西气东输，中国使用的天然气有相当比例来自土库曼斯坦，土库曼斯坦和中国正以能源合作构建起新时期的“能源丝绸之路”。

2009 年 12 月，我接到随访任务从北京飞往土库曼斯坦首都阿什哈巴德。

到达阿什哈巴德，吃过晚餐后，我们入住市中心的一家老式酒店。第二天很早我就醒了，便到酒店外面走一走，呼吸一下新鲜空气，顺便看看街景。街上十分安静，几乎没有什么行人和车辆，街道两旁矗立着高大时尚的建筑，建筑外墙都铺有灰白色大理石，现代气息很强。

看着眼前如此现代化的情景，我突然想到自己住的老式酒店，房间小，门、窗户、床甚至连卫生纸都窄，但它就是位于这样时尚大气的市中心，这种“屋里屋外”一脚过往一脚现代的强烈对比，让人感觉既不可思议又奇妙有趣。

早晨安静的街道

信步之时，我碰到了 3 名从国内来的人员，正在找吃早餐的地方，但这里不像国内到处都有小吃店，他们找了一圈也没有找到。他们听说我们在酒店用早餐，就找到酒店服务人员提出用餐请求，服务人员说可以，但没有牛奶（牛奶是需要事先定量准备的）。最终他们在酒店解

① 张曦，张大川. 青海撒拉族与土库曼斯坦：血缘搭起“一带一路”新机遇 [EB/OL]. (2015-08-27) [2020-12-05]. http://www.xinhuanet.com/world/2015-08/27/c_1116397025.htm.

决了早餐问题。出门在外，很多时候吃饭确实是个问题。

晚上，我们在酒店用餐，酒店提供的餐品有红菜汤、沙拉、煎鱼、烩牛肉，基本和俄餐一样。

第三天，下了一天的雪（这个季节当地多雨雪天气），但道路没有结冰，整座城市银装素裹，空气湿润清新，略带一点寒气，倒也令人神清气爽。为了工作便利，我们换了一家酒店。这家酒店是一幢有着伊斯兰风格的两层小楼，十分别致，而且与上一家酒店相比，这家酒店的房间对我来说真是“太大”了，我仿佛一下子从拥挤的人间来到了宽广的天上，这种体验相当有趣。

酒店附近就是土库曼斯坦国家博物馆，馆内所展示的文物有着浓厚的中西文化交流的印记，丝路文化交流的证明无所不在。在前面草坪的旗杆上土库曼斯坦国旗迎风飘扬。据使馆同事介绍旗杆高 133 米，曾经是世界第一高的旗杆。

抽空，我们去了当地市场。土库曼斯坦是内陆国，当地市场物品比较匮乏，特别是海鲜、蔬菜品种少，但是牛、羊肉很新鲜，水果品种多且甜。

入住的酒店

当地市场

这次我还有幸随同前往参加了中国—中亚天然气管道通气仪式。中国—中亚天然气管道项目是中国、土库曼斯坦、乌兹别克斯坦、哈萨克斯坦四国的重要合作项目，起始于土库曼斯坦和乌兹别克斯坦边境，经乌兹别克斯坦、哈萨克斯坦到达中国霍尔果斯，对于促进中国和中亚能源合作、建立能源合作伙伴关系具有重要意义。

对土库曼斯坦来说，中亚天然气管道为其能源出口开辟了一条全新通道，土库曼斯坦的天然气经这一管道进入中国后，将通过西气东输二线运至上海、广州以及其他十多个省市和地区。对乌兹别克斯坦、哈萨克斯坦来说，这不仅是一条新的能源出口通道，还能带来大量过境运输费。管道开通后，中国和中亚国家也会借此发现更多共同利益与合作的机会。

土库曼斯坦深居内陆，80% 的领土被卡拉库姆沙漠覆盖，是世界上最干旱的地区之一，但它石油天然气资源丰富，石油天然气工业为该国的支柱产业，天然气储备位列世界前茅。而农业方面则以种植棉花和小麦为主，亦有畜牧业（阿哈尔捷金马等）。

饮食上土库曼斯坦与中亚其他国家一样，较为广泛地使用胡椒、洋葱、孜然、薄荷等调味品，比较有名的传统食品有烤肉、抓饭、馕、烤肉饼、炸馓子和包子等，饮料以茶为主，夏天人们往往喝酸骆驼奶用以消暑。伊斯兰教为其主要宗教，所以有着伊斯兰饮食禁忌。因其 19 世纪 60 年代部分领土并入俄罗斯，1924 年成立土库曼苏维埃社会主义共和国并加入苏联，所以当地人的饮食习惯也一定程度上受到俄罗斯的影响。而在这之前，古老的丝绸之路早已将中国和土库曼斯坦两国紧密联系在一起。

中国的食物原料、饮食器具、食物加工及饮食方式等，通过古代丝绸之路源源不断地传播到广大的中亚国家。中国茶文化的输入，对当地居民的饮食生活产生了较大影响，同时西亚的果品、蔬菜、调味品、食器、乐器等也传入中国，丝绸之路是美食文化交流的大动脉。

简易厨房

时隔千年，中国与中亚国家就能源进行互利合作率先开通了一条能源之路。作为丝绸之路复兴过程中的决定性国家，2013 年中国更是提出共建“一带一路”倡议，这是对伟大丝路精神的传承和发扬，赋予了古丝绸之路全新的时代内涵。在这样的新时代背景下，位于中亚地区和跨地区交通走廊的交叉区，且拥有丰富资源的土库曼斯坦积极参与中方提出的“一带一路”的战略构想，与中国进一步推动包括公路、铁路和管道运输在内的交通走廊建设。于是，中国—中亚天然气管道多年来稳定运营；中国—哈萨克斯坦—土库曼斯坦—伊朗铁路集装箱班列开通运行；土库曼斯坦顺利建成运营阿什哈巴德国际机场、土库曼巴什国际港口及跨阿姆河铁路公路桥……土库曼斯坦还倡议设立“世界自行车日”，以促进国际体育事业发展、推动丝绸之路人文合作。

今天，不单是国家间的合作，媒体交流、智库交流、人才交流、体育交流……不同形式的对话，每一天都在“一带一路”沿线国家和地区之间开展。而不断增强的友谊纽带，也为共建“一带一路”生根发芽、开花结果，培育了富饶肥沃的土壤。我相信，“一带一路”将成为新的美食文化交流大动脉。

躬逢其盛，南太平洋寻味——新西兰

一名优秀的厨师有“三气”：志气、义气、人气；一个昌盛的国家也有“三气”：景气、和气、大气。

曹丕在《诏群臣·与群臣论被服书》中说：“三世长者知被服，五世长者知饮食。”“三、五”只是概数，并非确指，曹丕在此意指讲究被服、饮食需要一定的社会地位、阅历和经济条件，往往需要三五代的富贵传承，而领悟美食则比品味着装难度大多了。

因此做个美食家不容易，需要文化修养、闲情逸致，还得有经济条件，缺一不可。

而《荀子 · 解蔽》中说：“远方莫不致其珍，故目视备色，耳听备声，口食备味，形居备宫，名受备号，生则天下歌，死则四海哭，夫是之谓至盛。”用现在的话理解就是：远方的国家无不送上珍贵物品，所以他们（贤明帝王）的眼睛能观赏所有的美色，耳朵能听到各种各样的美妙音乐，嘴巴能吃上所有的山珍海味，身居各种豪华的宫殿，名字上被加上各种美好的称号，活着的时候天下人都歌功颂德，去世之后天下人都痛哭流涕，这就叫作极其昌盛伟大。

因此国家的昌盛是具备万朝来贺的影响力，拥有炊金馔玉的富足生活及四海升平的治世理念。

与任何时代都不一样，随着人民生活水平和素质的提高，华服美食早已寻常，寻味中国、寻味世界正在成为中国人的生活新时尚。随着中国国力和世界影响力的提升，世界已经无法忽视这股有着深厚文化底蕴、柔和和平的中国力量，新中国的故事也在世界回响。

2014 年 11 月被称为中国的“外交月”，10 天，3 个国家，7 个城市，成为年度外交的压轴大戏，也为中国外交写下浓重一笔。而我有幸见证了这历史性的一刻。

其间，我从悉尼乘机前往新西兰的奥克兰。

当地市场新鲜的食材

出了机场，我们便前往酒店。酒店位置十分优越，在奥克兰市中心，在这里既可俯瞰奥克兰全景，亦可欣赏到沿海的风光。酒店工作人员十分友好，为我们的工作提供了很大的便利。

第二天上午，我们去了当地市场。市场食材丰富、新鲜，还有不少中国蔬菜。新西兰的海鲜新鲜无污染，本地也盛产帝王蟹、龙虾、章鱼等，而新西兰的羊排、奇异果、猕猴桃世界闻名。市场还有不少新西兰特色美食，如天然配方冰激凌、毛利地瓜、巧克力松露、传统蛋糕等。如果时间充足，在这里还可以尽情品尝西班牙肉菜饭、法式干酪，熏香肠、野鸭香肠等。对厨师来说，没有什么比独特而新鲜的食材更令人兴奋了。我将这些食材也安排到了食谱中。从市场归来，我便用本地特色食材羊排、南极小龙虾等烹制了菜肴。

这次我还见到了很多热情的华人华侨。在新西兰这片不大的土地上，居住了二十几万的华人华侨，华人新移民文化教育水平较高，多为自由职业者、科技专业人才和商人。对他们来

南极小龙虾

说，祖国越强大他们在国外就越有底气。

奥克兰随访任务结束，我们一大早就将房间退了，中午大家到一家华人开的四川饭店用午餐。

午餐后，还有点时间，我们游览了一下奥克兰。

奥克兰早期移民是毛利人，1350 年他们从南太平洋岛群漂洋过海而来。17 世纪时，英国人发现了这里，英国政府用 50 条床单、20 件长裤、20 把短柄小斧、10 件背心、10 顶便帽、10 口铁锅、4 个木桶装的烟草、1 箱子烟斗、1 条毛布加上一些糖和面粉，把奥克兰 3000 英亩的土地买下来，2000 名英国移民来此开垦。随后大批欧洲移民和战争，使毛利人急速减少，也谱写了一段毛利人的心酸和光荣并存的历史。20 世纪 90 年代后，越来越多的中国人来到这里。

现今奥克兰是新西兰最发达的地区，同时也是南太平洋的交通枢纽，旅客出入境的主要地点。它一半都市一半海景，有着海岸都市的独特风格，在世界上最佳居住城市评比中位居前列。在这里，人们享受大自然，享受生活，且人均拥有船只的数量居全球之冠，因此奥克兰也被称为“千帆之都”。

新西兰是一个美丽的岛国，也是著名的农牧业国家，物产丰富，出产的蔬果、畜肉和海产，品质上乘，而其优越的地理位置和移民文化让其饮食拥有“环太平洋”的特点，广集欧

“千帆之都”奥克兰

洲、亚洲国家的美食和烹调技艺精华。不过当地人的饮食习惯大体上与英国相似，以西餐为主，口味清淡。

除了美景美食，新西兰还有着很多独具个性的“标签”——世界最清廉国家、绵羊之国、神兽羊驼的故乡、《指环王》里的“中土世界”……每年吸引着成千上万的游客。

中国和新西兰有着深厚的友谊。俯瞰地图，新西兰和中国虽不接壤，但它和澳大利亚、斐济与中国跨海毗邻，是中国的“大周边”。“中国是邻国。”在澳大利亚、新西兰，也不止一次地听到这句话。他们引用“好邻居金不换”，表达对邻居中国友谊的珍惜。中国也始终奉行“睦邻外交”政策，互利共赢。新西兰，对华合作开拓者，建交以来，中新共同创造了中国同发达国家关系史上多个“第一”。习近平主席用六个字评价中新关系：“示范性、开创性”。[①]

其实这么多年来，我的工作足迹也遍布非洲、美洲、亚洲、欧洲、大洋洲，我虽是一名厨者，但也切身感受到各国对中国的尊重和热情，中国在国际上的影响力早已无法忽视，从“一带一路”响应者云集，到亚洲安全观广受赞誉；从大国关系、周边关系的战略推进，到人类命运共同体的世界共鸣……中国积极承担大国责任，为世界发展做着新的贡献。我相信，随着中国影响力的增强，中华民族饮食文化也将更为灿烂辉煌。

---

①从雁栖湖到太平洋——习近平主席大洋洲之行综述[EB/OL]. (2014-11-28)[2020-12-05]. http://www.xinhuanet.com//world/2014-11/28/c_1113437211.htm.

和平是我们共同的“饭碗”——俄罗斯

人类像热爱美食一样热爱着和平。烹调美味需要高超的技艺，维护和平需要强大的实力。

一个强大国家的兴起，往往都会在国际上掀起相应的文化热潮。

1000多年前，隋唐强盛繁荣不仅影响了亚洲文明的发展，而且促进了西方乃至世界文明的进步，逐渐形成了以隋唐为中心的中华文化圈。

到了近代，欧洲国家崛起，葡萄牙、西班牙的“大航海运动”和殖民开拓虽然伴随着血雨腥风，却也让众多国家至今沿袭着“宗主国”的语言和习俗；法国的强大让法兰西哲学、文学、生活习惯和艺术品位传播到不同肤色、不同文化背景的人群之中；英国“日不落帝国”的盛况，从下午茶到靠左行驶，从司法制度到教育制度，其文化影响力覆盖了几乎全球四分之一的地区，英国文化在广大殖民地被广泛传播和接受。

冷战让美苏并雄于世，也让美国和苏联成为20世纪国际文化影响力最大的两个国家，美国的美式快餐、现代音乐、职业体育……将美国人的思维方式、生活方式和文化消费习惯带到世界每个角落；而苏联则以“红色文化”为旗帜，在世界一度掀起“以俄为师”的文化潮流。

这些文化浪潮莫不与饮食文化有着很大关系，饮食文化也是一个国家重要的“软实力”之一。

历史车轮进入20世纪后半叶，世界格局再一次发生变化，中国和俄罗斯两个邻国先后走上大国崛起之路，并成为当今多极化世界中重要的一极。只是与俄罗斯的“硬”不同，中国以千年文化为底蕴显得更为“柔软”，不管是日益被世界追捧的中华饮食还是当今热门的孔子学院，“以和为贵”“和而不同”都是“核心价值观”。这样的“价值观”激发的是人们追求善和和平的力量，促进不同文化、文明和谐共处、共同发展。

而在这共同崛起的历史进程中，两国地缘相近，始终互相尊重、支持。中俄之间的关系也成为全球大国关系的典范，中俄各个方面都保持着亲密的伙伴关系，是世界发展的正向能量、稳定力量和和平力量。

俄罗斯对我也有着非凡的意义，我第一次因工作去的国家就是俄罗斯，自 2001 年至 2018 年我更是十多次到访俄罗斯，也见证了中俄交往中的一些历史性时刻。

2001 年 7 月，我和同事受到委派，飞往俄罗斯首都莫斯科。

出了机场，我们临时住进一家华人开的旅馆。旅馆在餐厅给我们准备了夜宵，包子、稀饭、小菜等，这些温暖适口的食物入胃，顿时将我们旅途的劳累消减了一大半。这次来莫斯科，正赶上在这里举行 2008 年奥运会举办城市投票。用餐时，餐厅电视正在直播申奥投票结果，当看到北京申奥成功，我们在俄罗斯这片土地上和国内亿万中国人一起大声欢呼着："加油！中国！"中国在全世界面前证明了自己的魅力和实力，没有什么比这更令人激动和骄傲的！这一天对我来讲是一个难忘的日子，非常具有纪念意义。

第二天，我们去了当地市场。俄罗斯由于天气寒冷，蔬菜品种很少，鱼和虾品质一般，整体来说并不丰富，有肉类、奶制品和圆白菜、洋葱、土豆、胡萝卜、甜菜头等。

但俄餐毕竟是世界有名的大餐，有其独特风味，如著名的鱼子酱。俄罗斯鱼子酱有黑鱼子和红鱼子之别：黑鱼子是鲟鱼卵制成，特别是里海产的超过 60 岁鲟鱼产的卵堪称世界顶级，颗粒完整饱满，色泽透明清亮，不咸、不腥；红鱼子是由新鲜的大马哈鱼子腌制而成，有点咸腥。在当地鱼子酱一般抹在面包片上食用，有时搭配香槟酒，香槟的酸味可以减轻鱼子酱的油脂感，但最好不要和洋葱及柠檬搭配使用，否则会失去它的本味。而酒店自助餐中有沙拉、冷酸鱼、酸黄瓜、熏鸡、红肠、熏肠、红烩牛肉、奶油烤菜、黄油焖鸡、奶油汤、红菜汤等，也

当地市场

给了我一些启发，特别是红菜汤久负盛名，味道确实鲜美。在国外我总想寻找一些当地特色食材和特色菜品，以期在健康营养的基础上，因地制宜地创新一些菜肴，给用餐者带来更多的风味体验。

虽然俄餐很令我惊喜，但是这里的炉灶都是用电的铁板，没有明火（西餐不像中餐要猛火速烹，它比较适合蒸、煮、炖、煎），一开始让我有些为难，好在适应一下也就好了。

我第一次来到俄罗斯，对这里的一切都倍感新鲜，抽空参观了红场、胜利广场、观景台等一些知名地方。不过当时的俄罗斯也只有一些“老建筑”在静静地诉说俄罗斯曾经的辉煌，让人心里很是感慨：俄罗斯科技、教育、文化依旧走在世界前列，这是值得我们中国永远学习的地方，但是当地的基础设施有些老旧，似乎在“吃老本”，与中国日新月异的城市建设形成鲜明对比。

2005 年 5 月，因俄罗斯卫国战争胜利 60 周年庆典活动，我第三次来到莫斯科（第二次是在此转机）。

1945 年 5 月 8 日是法西斯投降日，由于时差原因，当时苏联已是 5 月 9 日凌晨，于是美、英、法等国把 5 月 8 日定为欧洲胜利日，苏联则定 5 月 9 日为卫国战争胜利纪念日。

饭店自助餐

厨房的炉灶

饭店内的“名人墙”

这次我充分见识到了百年饭店的魅力。饭店整栋建筑非常精美，是莫斯科的代表建筑，特别是饭店正面由布尔贝利创作的马赛克画《睡美人》，具有极高的观赏价值。饭店内部装潢则完美地结合了古典风格与当代设计，带给人舒适和艺术的双重享受。饭店墙上还挂着不少曾下榻过这里的世界名人的照片，其中就有毛主席的照片，仿佛在静静地诉说着饭店的历史和故事。

当天，我们一行十几个人在红场旁边的中餐馆共进晚餐，都是些家常菜，味道不错。来这里用餐的华人华侨比较多，中餐菜肴的口味还是比较正，只是食材和调味料比较紧俏，店家都是自己想办法弄来。晚餐后本想在附近走一走，但是到处都戒严，禁止通行，只好回饭店休息。

这次工作中我对晚宴的每一道菜品都进行了认真检查，整体非常不错，却也发现一些小瑕疵。佛跳墙烧得香味不足，达不到汁浓味香，我便帮着重新制作，制作要领：葱姜炝锅，爆出香味；将原料烧入味时，一定要有底味；勾汁时一定要用好的加饭酒，酒的使用量要合适，但酒会有一点苦，加少许糖中和提鲜。而甜点萨其马，由于他们在制作时，糖熬得嫩了一点，有些粘盘子，不好拿起来，我便让他们炒一些熟芝麻撒在盘子上，这样不粘盘又起到了装饰作用。

宴会进行得很顺利。工作结束，由于回国航班比较晚，在这里工作的同乡建议我可以去看看俄罗斯的第二大城市圣彼得堡。就这样在同乡的照顾下，我来到了圣彼得堡，同乡还介绍了华侨杨先生与我同行。

圣彼得堡位于波罗的海芬兰湾东端的涅瓦河三角洲，整个城市由 40 多个岛屿组成，市内水道纵横，几十座桥梁把各个岛屿连接起来，别具水城风情，故有“北方威尼斯”之称。它曾是俄罗斯的首都，与莫斯科相比，更具皇家风范，有彼得保罗要塞，俄国沙皇夏宫、冬宫，喀山大教堂，青铜骑士等众多闻名于世的历史文化古迹，而且很多被列入世界文化遗产。这次的游览也让我近距离感受到了俄罗斯深厚的历史文化底蕴。

冬宫

俄罗斯大使馆招待所

第二天虽然下着小雨，我们还是乘船游览了涅瓦河。穿行在雨中的涅瓦河，看着两岸的美景，我也思绪万千：随访工作，虽然很辛苦，责任大风险也大，但也给了我一个世界平台，令我不仅见识了世界各地的风土人情，开阔了眼界，更是在我的思想和思维层面开启了一个全新的高度，对饮食和世界有了新的理解、感悟和思考，这会是我一生的财富。感恩！

下午我乘飞机返回莫斯科，晚上和同乡在风景秀丽的大湖旁的一家船餐厅品尝地道俄餐，红菜汤、烤肉、起司烤蔬菜等，味道纯正。其实此时吃什么对我来说已经不重要了，重要的是同乡和杨先生对我的照顾和情谊，这令我感动万分。这份情谊也为我的第三次俄罗斯之行画上了一个完美的句号。

只是我没想到，时隔不到两个月，同年 6 月我第四次来到莫斯科。看着一样的招待所，一样的工作人员，终于不再是“人生地熟”或“人生地不熟”了。

第二天上午忙完工作事宜，中午我们去了一只蚂蚁市场。

一只蚂蚁市场是莫斯科最大的跳蚤市场，从克里姆林宫主入口左侧开始，延伸出许多排摊位，货物摆在箱子上、椅子上或者直接摊在地上，很像土耳其或埃及的大集市。这里可以淘到各种民间手工艺品，比如，饰绦、巴甫洛夫斯基镇方巾、陶瓷、琥珀饰品、水晶饰品、民族服装甚至军服。

晚上在单位同事家吃饭，他们出来也一年多了，在单位我们的关系都不错，大家一起聊了一些往事，特别亲切。

莫斯科工作结束，我们飞往新西伯利亚。直到任务结束，趁着回国前的一点时间，我们才得以领略了一下新西伯利亚的魅力。

新西伯利亚位于西西伯利亚平原的东南部，鄂毕河上游，是俄罗斯的第三大城市，工厂众

俄餐奶油蘑菇汤

多，并拥有俄罗斯一流的大学、博物馆和剧场。这里的人们生活很悠闲，咖啡馆、酒店、餐厅比比皆是。由于时间有限，我们对此也只能走马观花，晚上便乘飞机回国了。

2007 年 3 月，我第五次来到莫斯科。

这次非常难得，因为有“中国年”开幕活动。中俄互办“国家年”活动是在 2005 年 7 月，由两国元首共同确定的，以增进两国之间的互相了解，全面推动两国战略协作伙伴关系向前发展。随后，2006 年中国举办“俄罗斯年”，2007 年俄罗斯举办“中国年”。

此次“中国年”开幕式在克里姆林宫大礼堂举行，我有幸前往观看。

克里姆林宫位于博罗维茨基山岗上，南临莫斯科河，西北接亚历山大罗夫斯基花园，东北与红场相连，呈三角形。保持至今的围墙上有塔楼 18 座，参差错落地分布在三角形宫墙上，其中最壮观、最著名的要数带有鸣钟的救世主塔楼。大礼堂在克里姆林宫建筑群的中心位置，是俄罗斯最壮观的大礼堂，也是一座现代化的剧院，1961 年投入使用，有 6000 个舒适的座席。这里是俄罗斯举行重要会议、节日庆典的地方，也是世界各地艺术家倾情演绎的场所，在这里可以欣赏芭蕾舞、聆听音乐会，其在俄罗斯的地位好似我们中国的人民大会堂。

下午 5 点，主题为《春天的交响》庆祝演出正式开始。此次参演的中国演员主要来自京剧界、东方歌舞团、杂技团、国家马戏团以及少林功夫表演团，在国内久负盛名。值得一提的是 2006 年俄罗斯总统参观少林寺，抱起并合影留念的小沙弥释小广，也在舞台上表演了童子功。

表演期间，俄罗斯数百万观众在电视机前目睹了晚会直播，这在俄罗斯历史上还是首次。中国演员的精彩艺术表演，让俄罗斯人民看到了底蕴深厚、细腻优雅的中国文化。此次“中国年”框架内举行 200 多项活动，其中有十多个国家级大项目。

莫斯科的工作结束，我乘飞机前往喀山。

喀山是俄罗斯的一座古城，始建于 13 世纪下半叶，位于伏尔加河中游左岸。如今喀山是俄罗斯的工业、金融中心之一。城市规模不大，干净，整洁，有很多建筑都是欧洲风格。

与迎宾馆厨师长合影

俄罗斯白菜汤

第二天下午我得了一些空闲，有幸随同领导前往参观喀山克里姆林宫和喀山直升机厂。

喀山克里姆林宫在俄罗斯是独树一帜的建筑丰碑，是俄罗斯唯一保存下来的鞑靼人要塞和重要的朝圣地。它融合了俄罗斯演变过程中各个时期及西欧各国的宗教文化和建筑艺术，从而形成了东西合璧、庄严宁静、华美和谐的建筑风格，被联合国教科文组织评定为世界文化遗产。

喀山直升机厂于 1940 年创立，是俄罗斯重要的直升机生产基地，世界最大的直升机生产企业之一，具有较强的直升机自主设计和研发能力，拥有现代化的生产线，中国重型直升机米系就是从这里进口的。参观期间，我有幸登上一架武装直升机。该直升机火力攻击猛，技术先进，性能优良，让我不禁为俄罗斯军事工业的强大而赞叹。

2009 年 6 月，我因工作第六次来到莫斯科，随后前往叶卡捷琳堡。

在叶卡捷琳堡我们借着一点空暇时间，分别参观了欧亚分界线界碑和滴血教堂。

叶卡捷琳堡始建于1723年，以女皇叶卡捷琳娜一世的名字命名，是俄罗斯重要的工业、交通、贸易、科学、文化中心。由于拥有众多的国防企业，在1990年之前叶卡捷琳堡是不允许外国人光顾的，在叶利钦当选总统之后叶卡捷琳堡才张开怀抱迎接八方来客。

叶卡捷琳堡因位于欧亚分界线而闻名于世，老界碑位于叶卡捷琳堡市西郊新莫斯科大道17千米处，碑底座由暗红色大理石建造，中间是灰白色大理石作为分界线，两侧分别标明欧洲和亚洲，界碑为尖形金属塔。欧亚分界线新的界碑位于叶卡捷琳堡市西北郊42千米处，由于时间原因我们没有前往。

而叶卡捷琳堡滴血教堂是2000年—2003年在末代沙皇尼古拉二世被枪杀之地的原址上建造的，拜占庭风格，非常宏伟，吸引了众多的朝圣者和游客。

这次来到俄罗斯最明显的感受是相比前几年，俄罗斯更为开放了，市场商品丰富了很多，

叶卡捷琳堡老界碑前留念

叶卡捷琳堡上海合作组织峰会宣传牌

路上跑的也不再仅仅是国产的老旧汽车，多了不少德国车和日本车。这几年来，俄罗斯政府对外开放意识增强，积极融入国际经济的战略目标非常明确，大力发展对外贸易，重视招商引资，很好地促进了俄罗斯政治经济的发展。

俄罗斯街景

2010 年 5 月，我接到工作任务，从北京前往莫斯科。我已经记不清是第几次来到莫斯科了，一切都非常熟悉。

对我们来说，曾在中国人民抗日战争东北战场战斗过的俄罗斯老战士，是中俄友好的历史见证人，中国人民没有忘记他们，也不会忘记他们。因此，这次莫斯科之行，先行宴请了这些老战士。从第一次见到他们，10 年时间匆匆而过，他们皆已到了耄耋之年，最年长的已有 96 岁，真是令人唏嘘。而中国也始终不忘这份用鲜血凝结的传统友谊，更是珍惜当今这来之不易的和平。

这次，我还准备了一份红菜汤，并用当地的马哈鱼制作了一道中西式菜品——轻煎马哈鱼粟米汁，鲜香回甜。马哈鱼是鲑鱼的一种，是冷水性鱼，营养价值很高，富含蛋白质，肉质鲜美，也是俄罗斯的特产，它的鱼子可以制成鱼子酱。

回国前，饭店厨师长为我们践行。他待人非常热情，每次我们离开时他都会拿出一瓶俄罗斯酒为我们送行，我们也会带点礼品给他，彼此之间礼尚往来，早已建立了深厚的友情。此次他依旧用酒为我们送行，三个人一瓶酒，再来点酸黄瓜及花生米，随性而又畅快。

俄罗斯红菜汤

酒店俄式自助餐

2012 年 8 月，我来到俄罗斯远东符拉迪沃斯托克（中文名海参崴）的俄罗斯岛。

俄罗斯岛原是一个半荒岛，俄方投入了上百亿美元新建了此处，并积极修路、修桥，完善相关基础设施，还将市区的几个大学全部迁到岛上，将这里打造成俄罗斯远东联合大学。岛与外界以唯一一座新建的大桥作为连接。

到达后，我们首先进行厨房改造。待一切准备就绪，第二天我们去了岛上的市场，情况和莫斯科差不多。晚上，我们到当地一家华侨经营的餐馆用餐。老板是大连人，来这里十几年，餐馆经营得非常好。难得他乡遇同行，老板很激动，对我们非常热情，提供的晚餐非常丰盛，都为当地海鲜特产，味道进行了些改良，有点偏甜，比较适合当地人的口味。

我也抽空领略了一下海参崴的风景。

海参崴濒临日本海，控制鄂霍次克海（中国唐朝时称北海），是历史上有名的军事要地，清朝时为中国领土，和黑龙江接壤，1860 年清政府将包括海参崴在内的乌苏里江以东地域割让给俄罗斯，俄罗斯将其命名为符拉迪沃斯托克，俄语的意思为“统治东方”。现在海参崴是

俄罗斯岛远东联合大学

进岛的大桥

俄远东最重要的城市，现俄海军第二大舰队司令部所在地，俄太平洋沿岸最大港口城市。这里四季分明，阳光充足，它的历史、美食、美景彰显了其独特魅力。

斯维特兰斯卡亚大街是海参崴的一条主要商业大街，大街上店铺比邻，有街边公园、潜水艇博物馆、凯旋门、东正教堂等。我们还见到一对新婚夫妇和几个好友，在路旁放了小桌子，正拿着香槟酒庆祝。

可惜时间有限，对这里的一切只能匆匆一瞥，接下来我都在厨房工作，日常就在一楼餐厅用餐。待工作结束，我便动身回国了。

临时厨房

街边庆祝结婚的年轻人

2013 年 9 月，我从北京飞往圣彼得堡。

和俄罗斯其他城市相比，这里我算“深度”游玩过，到达后感觉非常亲切。与几年前相比，现在的俄罗斯市场较为繁荣，食材品种很多，进口的也不少，中餐用的一些食材去华人超市可以买到，只是蔬菜品种受季节限制相对少一些。

一楼自助早餐

当地市场

第二天晚上，有一个重要的宴请，参加宴会的有30多人，原材料有限，工作人员少，这对我来说是一个考验。另外厨房的西餐灶台明火很少，火力不旺，有些影响菜肴的烧制。当时我的心里只有一个想法，全力以赴保证完成这次的宴菜制作，虽在国外，依然要让宾客感受到这是“东道主的宴请”。

于是我精心设计了餐品：迎宾冷头盘、竹荪中谷贝、黑胡椒羊排、粟米牛仔粒、虫草花石斑、红花娃娃菜、什锦素水饺、鲜水果盘。然后早早开始，精工细作，力求在餐品的色、形、味、趣中展现出中餐的魅力，在健康、器皿、环境、内涵等各个方面凸显出中国的美食文化。

晚宴持续了一个多小时，中外宾客都非常高兴，我们的菜品也得到了赞扬，我松了口气，算是不辱使命了。

这几天我和酒店的厨师相处得非常愉快，虽然语言不通，需要用手势辅助交流，但是厨师的心灵是相通的，交流起来效果也不错。他们很友好，将制作的菜品送给我们品尝，我们也让他们品尝了中国菜，并向大厨们赠送了北京的名酒二锅头，他们非常高兴。

和俄罗斯其他城市相比，圣彼得堡给我印象更加深刻，不仅因为这里的美食美景，也因此次在他国做国宴的经历和与当地厨师的情谊。

晚宴的菜肴

在厨房准备宴会

宴会现场

2015 年 7 月，我再次飞往莫斯科。

这一次我乘坐的是中国国际航空公司的航班，发现国航增加了新服务，对于经常乘飞机的金卡会员，不仅在机场提供贵宾室休息，而且在飞机上将公务舱前两排座椅的间距拉大了一些，并在第二排拉了一道帘子，方便乘客休息，还配发了拖鞋、果汁、矿泉水、小毛巾，服务热情，让人感觉很贴心。这是我第一次遇到，心里颇有些触动：我们的工作、服务也要与时俱进，服务更新、更好、更细、更贴心。

而俄罗斯机场服务方面也进行了革新，出海关不用再填入境卡，对方会给入境人员打一个卡，记录入境人员在俄罗斯境内的行程，待离开时再交回海关，这对不懂外文的人来说真是太方便了。这次过海关只用了十多分钟，效率非常高。

晚上，我在同事家吃的饺子。他来俄罗斯工作一年了，父母和孩子也都带了过来。他的家人非常热情，让我有着宛如在家的感觉，非常亲切舒心。

这次只是路过莫斯科，第二天一早我们就飞往乌法。

乌法位于俄罗斯南部，是俄罗斯的经济、文化、运动、科学和宗教中心之一，也是非常重要的交通枢纽。

近年来国际会议俄方政府会特意安排在俄罗斯一些不太知名的城市举办，主要是为了促进当地的经济发展和繁荣，实现俄罗斯的均衡发展。

俄罗斯这几年的变化非常明显。下午我们去了当地市场，这里的食材品种丰富，国外进口的产品比较多。市场采用自助式采购方式，自己选品，自己称重后贴价格标签，出口处自己扫

俄罗斯乌法机场

乌法总统饭店

条形码后出总账单，再到旁边的自助机交款，整个过程无人过问，只是在出口处有人抽查，整个采购过程又快捷又方便。值得一提的是，乌法是世界上至今唯一保留野蜂饲养和采集产业的地区。这里的蜂巢蜜具有花源的芳香，甘甜爽口、蜜味香浓、醇馥鲜美。

我们还去了华人餐馆用餐。这家餐厅在地下，路面上只有一个门面，设计上采用了鲜艳的中国红，提供的菜肴也都是中餐菜品，味道不错，我们吃得非常开心。

接下来我就在厨房工作，空闲之余就到外面树林中散散步，倒也惬意。

乌法华人餐厅

淮山煮辽参

酒店的菜肴

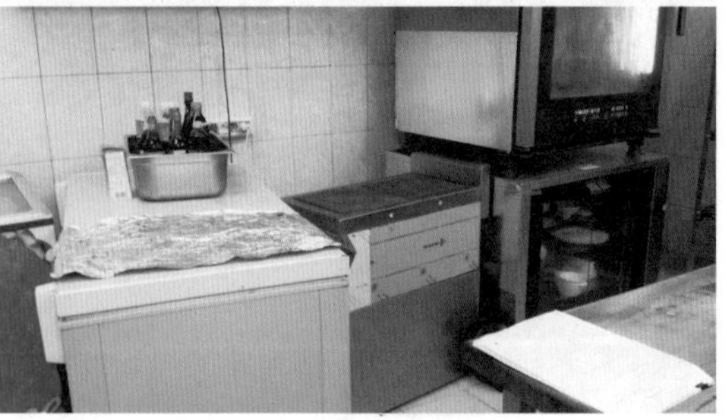

厨房

黑椒煎猪颈肉扒

乌法风光

乌法任务结束，离开前我们在饭店用晚餐，培根鸡肉沙拉、红菜汤、黑椒煎猪颈肉扒、萨其马，还有两个面包、一瓶水。这一餐是纯正的俄罗斯风味，让我大饱了一次口福。

2018 年 9 月，我再次来到了海参崴。

与我 6 年前来时差不多，这里物品并不丰富，能明显感觉到海参崴相比俄罗斯其他地方的发展似乎慢了一拍。

当我们前往俄罗斯岛时，空中多架俄罗斯战斗机从头顶飞过，最后一架战斗机还进行了空中表演，时而盘旋爬高，时而翻着跟头，时而侧身飞行……当表演俯冲时，其轰鸣声在我们头上响起，震耳欲聋，我们甚至能够看到飞行员。这是我第一次如此近距离看战斗机表演，非常过瘾。

从 2001 年到 2018 年，整整 18 年，俄罗斯是我外出工作的起点，也是我外出工作的告别点，莫斯科、圣彼得堡、新西伯利亚、喀山、叶卡捷琳堡、海参崴、乌法，我亲身体验着俄罗斯这片土地的饮食文化。

俄罗斯地跨欧亚大陆，是世界上领土面积最大的国家。虽然俄罗斯在亚洲的领土非常辽

当地超市

阔，但由于人口集中在欧洲部分，饮食上更为亲近欧洲一些，在这里可以看到法国的汤和酱料、意大利的面食、波罗的海国家的糕点和糖果、德国的香肠和酸菜……但又因气候、地理位置、人文环境等方面的因素，俄罗斯坚持着自身独特的饮食文化，“灵魂食物”永远是卷心菜、甜菜、红菜汤、鱼子酱、黑面包等，还有伏特加，并讲究量大实惠，油大味厚。

同时，我也切身感受着中俄友好关系的不断升温和强化。

2001 年 7 月，两国元首签署了《中华人民共和国和俄罗斯联邦睦邻友好合作条约》。

2005 年 7 月，两国元首签署了《中华人民共和国和俄罗斯联邦关于 21 世纪国际秩序的联合声明》。

2013 年，两国元首签署了《中华人民共和国和俄罗斯联邦关于合作共赢、深化全面战略协作伙伴关系的联合声明》。

2016 年 6 月，双方还签署了《中俄联合声明》以及其他一系列合作文件。

2018 年 9 月，两国元首规划下阶段两国务实合作方向，商定继续深入开展共建“一带一路”和欧亚经济联盟对接……

中俄关系是世界上最重要的一组双边关系，更是最好的一组大国关系，将直接影响着世界局势的稳定和世界经济的走向，成为维护世界和平稳定的关键因素。

中国人从古至今崇尚和谐，热爱和平，饮食中也蕴含着中国人性格中“温柔敦厚”的特点。在现代社会中，我们应充分发扬中华民族尚和、贵和的人文精神和人文关怀，倡导“人类命运共同体”意识，在实现民族复兴与和平崛起的过程中，携手俄罗斯等大国，为人类世界增加一份强而有力的和平力量，建立一个共同繁荣的和谐世界。

厨道之境

厚德载物，盛德不泯

从中国饮食文化的起源和实践来看，饮食文化是一个国家和民族文明发展的标尺，是一个民族文化本质特征的集中体现。而中国饮食文化有“三性”：

传承性，中国饮食文化的传承不仅在于技艺的传承，更在于其内所蕴含的高尚的道德准则、优秀的传统美德的传承，后者尽显“文明古国，礼仪之邦”风范。

包容性，中国美食是造型美、色彩美、意境美与各类食材的和谐统一，乃至天时地利人和，所以，要用“以和为贵”“和而不同”“和而无穷”的哲学思想，与其他民族、国家在饮食及其文化发展上求同存异、取长补短。

世界性，中国的饮食可以说是“食”被天下，这一现象早在20世纪初时，就被孙中山先生敏锐地观察到了。孙中山先生在其《建国方略》一书中说：“我中国近代文明进化，事事皆落人之后，惟饮食一道之进步，至今尚为各国所不及。”今天，随着中国的日益强盛，中国早已不是“事事皆落人之后”，中国饮食文化更是会随着国家的复兴而更加灿烂辉煌，我们要有足够的文化自信，足够的国家自信。自信了，也会是最强、最美的。

后记 现代饮食风潮下的『昔』与『今』

饮食文化是文化的重要组成部分，是文化就必然会有传播和交流。

于是，我们看到了：2000 多年前以张骞出使西域为代表的西北陆路丝绸之路上的饮食文化交流；1000 多年前以玄奘西行为代表的佛教文化交流中的饮食文化交流；600 多年前以郑和下西洋为代表的政府大规模的海上饮食文化交流；500 多年前开始的以传教士为媒介的中外饮食文化交流及华侨对饮食文化交流的贡献——古代中西饮食文化交流在途径上也经历了由少到多、由单一到丰富的发展。

历史的车轮滚滚向前，人类社会也日新月异地飞速发展，中国的饮食文化在曾经灿烂辉煌的基础上，与世界交流日益频繁，特别是自 2001 年中国加入世贸组织后，开始了中西饮食文化最大限度的碰撞、交融，在中国引发了新一轮的“饮食革命”。

而我也是在那个时刻开始为首长外出服务，18 年来，辗转于世界各地，实地感受着来自不同国家、地区的味蕾刺激及独特风土人情的“洗礼”，也切身感受到了华人、华侨在外的生存、发展情况，不敢说深度参与了这样的融合过程，但也算是在“一线”有着切身的体验和感悟。

◎ 饮食生产工具日益现代化

不管国内外，在设备和能源上，天然气、液化气、太阳能、电能等能源已经取代了曾经的木材、煤；电饭煲、电磁炉、高压锅、微波炉、电烤箱等设备越来越多地融入人们的日常生活。能源和设备上的改变令人们的饮食制作过程变得省时省力。

在食物的生产过程中，绞肉机、搅拌机替代厨师手工切割、制蓉，饺子机让包饺子不再烦琐，面条机极大提高了面条制作的效率……日常饮食中出现越来越多以机械代替手工操作的劳动；火腿、泡面、香肠、罐头、包子、饺子等传统手工食品开始流水线作业，生产过程更为规范和标准，食品工业兴起。

◎ 烹饪原料日益丰富，生产技术日臻完善

国家的空前开放，交通的便利，人口的流动，信息的迅捷传达，都潜在地促进了世界各地的民族、地区、国家间的交流，都在促进各国饮食文化的提高和发展。

随着人类社会的日益开放和交流，科学技术的不断进步，物流的极大发展，在大多数国家市场都可以见到来自世界各地的优质食材，人们的饮食逐渐带上“国际”色彩，原料的丰富也为美食的创新提供了物质基础。

◎ 饮食更具文化内涵

在如此繁荣发展的时代里，人们对于饮食的要求越来越高，更加注重科学性和审美性，既要吃得健康，又要具有充分的娱乐性。

◎ 饮食文化也是一国文化软实力

古往今来，每一个伟大的民族都有自己博大精深的文化，它是凝聚民族精神的一条特殊纽带，深深融进民族的血脉之中，是一个国家、一个民族取之不尽用之不竭的力量源泉。当今时代，文化也越来越成为一个民族凝聚力和创造力的重要源泉，成为综合国力竞争的重要因素。

而中华民族的饮食文化，不管是“民以食为天”还是“天人合一”，不管是“南甜北咸”还是“食可达意”“食可传情”，不管是“百菜百格”还是“适口为珍”，不管是“五味调和”

还是“治大国若烹小鲜”……都凝聚着中华民族对世界、对生命的历史认知和现实感受，积淀着这个民族最深层的精神追求和行为准则，我们清楚地看到中国饮食文化在海外的发展与传承，及在提升中华民族影响力、增强国家文化软实力方面起到的重要作用。

在这样的历史进程中，讲究品种丰富、营养均衡、搭配合理已经成为人类饮食共识。中西方也都在扬长避短，逐步走向互补的道路，这也在冲击、革新着各国的饮食文化，这对我们的启示是：

1. 传承是根本，开放包容是发展

“根深才会叶茂”，中华民族饮食文化源远流长，一个很重要的原因在于它有着深厚的底蕴和持续发展的过程，它以丰富的烹饪技巧、传承千年的风味特色及中国人独有的尊礼守善、有容乃大的特质，呈现出兼容并包、百花齐放的活力。

但我们也需要注意，在这样一个高度开放的现代社会，原有的以地域为划分标准的菜系，其判断标准已经越来越式微，这不是说一个地区、一个国家的菜系所承载的文化削弱了，恰恰相反，通过不断地融合、纳新、借鉴、创新，地区、国家的菜系获得了更多的延续力量，获得了新的生命力。

因此，一方面我们要继承中国优秀烹饪技法及烹饪理念，传承中国优秀饮食文化，充分展现中国文化的魅力；另一方面则要积极与世界接轨，以开放、包容的心态，广泛地、有选择地借鉴和获取各国饮食文化精华，海纳百川、革新创新，进一步将我们的饮食文化升华。

2. 提升餐饮行业商业信用，加强道德观念，提升经营手法

很多人可能都注意到，在书中的每篇我基本都会介绍国外市场情况，也强调过很多国家市场的食材非常绿色健康；我会观察华人、华侨中餐厅经营状况；我会介绍当地特色餐厅、酒店的布局、设施设备和管理特色；我几乎次次都会强调食品安全问题……

为什么我要如此不厌其烦地阐述这些？

因为中国饮食文化虽然历史悠久、博大精深，但是今天中国饮食依然存在很多问题，它已经不仅仅是文化的问题，更是涉及道德、价值观及经营技巧的问题。

各种食品安全事件时有发生。当商家只考虑自己的利润和成本而置其他于不顾时，当商家丢了勤俭、守信的道德底线时，产品质量是靠不住的，商家也难以长期发展，更是与当今中国国际化的商业发展趋势不相符。所幸很多餐饮人已经认识到这个问题，中国餐饮业的发展正在呈现一个全新的面貌，这就要求我们从食材到餐桌的每一个环节，都要进行严格的把关，牢守信誉。

另外，肯德基、麦当劳遍地开花，面对来势汹汹的“洋快餐入侵”“洋食品入侵”，中国的餐饮品牌仍未凸显出优势，面对未来的发展，中国餐饮业也将面临巨大挑战。因此，中国餐饮业必须注重品牌打造，优化环境、服务，学习先进的经营手段，打造丰富的产品架构乃至产业链条，实现从“物质餐饮”到“品牌餐饮”的转化。

3. 人人都是中国文化的“传播因子”

旅游、工作、探亲、移民……全球化让我们每一个人逐渐与世界接轨，而国家的强盛也为我们走向世界提供了更好的机遇和强而有力的保障。

虽然很多国家对中国人的态度很友好亲善，但是在国外的这些年，我依然看到了一些歧视和不友好，也许这是“历史遗留问题”，但想要改变偏见不是一蹴而就的。因此，随着中国的崛起，不管在国内还是国外，我们都要时刻注意自己的言行举止，我们不仅仅代表中国，更是可以向全世界展现中国魅力的“文化因子”，我们身上承载着中华五千多年文明的骄傲，促进着中国与世界的共同发展、共同繁荣。

饮食文化的发展自有其规律，市场竞争自有其法则，一个国家的强盛也自有其发展之道。我们也有理由相信未来中国美食会走向全球，中国人会成为重要的文明力量，中国更会为人类和平及文明发展做出贡献。